Thilo Gehrke

STÄTTEN DER HEILKUNDE

Eine Dokumentation wissenschaftlicher Räume als verlassene Orte

„Das Vergangene ist niemals tot, es ist nicht einmal vergangen. Aus dem einfachen Grund, weil die Welt in der wir leben, in jedem Augenblick auch die Welt der Vergangenheit ist. Sie besteht aus den Zeugnissen und Überresten dessen, was Menschen im Guten wie im Schlechten getan haben.“

Hannah Arendt

Impressum

**Dokumentationsreihe Forschung Geschichte, Gesellschaft und Gegenwart – Band 1
Herausgeber Thilo Gehrke**

Stätten der Heilkunde, Bildnachweis + Text: Thilo Gehrke © 2021

Bildnachweis Autorenportrait Seite 170: Margot Blanck, Deutsch-Russisches Museum Berlin-Karlshorst

Umschlagfotos: OP-Raum im Haftkrankenhaus der U-Haftanstalt der Staatssichereit der DDR in Berlin, Freigabe mit freundlicher Genehmigung der Gedenkstätte Berlin-Hohenschönhausen. (vorn), Glasmalerei im Lazarett Jüterbog; Urologische Praxis in verlassener Arztvilla in Bad Wildungen; Turnhalle, Kaserne der Roten Armee in Krampnitz und Beelitz-Heilstätten, Alpenhaus (hinten)

Bibliografische Information der Deutschen Nationalbibliothek: Die Deutsche Nationalbibliothek verzeichnet diese Publikation in der Deutschen Nationalbibliografie; detaillierte bibliografische Daten sind im Internet über *dnb.dnb.de* abrufbar.

Gestaltung, Satz + Produktion: Klaus-Peter Staudinger · farbton · Hamburg · *www.farbton.de*
Herstellung + Verlag: BoD – Books on Demand, Norderstedt

ISBN 9783753407074

Inhaltsverzeichnis

Einführung

Stätten der Heilkunde – von wissenschaftlichen Räumen zu Lost Places

Nirgendwo sonst liegt Leben und Sterben so untrennbar beieinander wie im Krankenhaus als Stätte der Erneuerung und des Abschieds vom menschlichen Dasein.

Der Kreissaal als Eintrittstor in die irdische Existenz, der Operationssaal als Reparaturwerkstatt für den defekten menschlichen Körper am lebenden Objekt, das Sterbezimmer für den Abschied vom irdischen Dasein und der Sektionssaal im anatomischen Institut als Forschungsstätte letaler Defekte machen uns deutlich, dass dieser Ort angewandter Wissenschaften früher oder später Mittelpunkt eines jeden Menschen ist.

Die Furcht vieler Menschen, in ein Krankenhaus eingeliefert zu werden, es möglicherweise nicht lebend oder mit einem größeren Schaden als vorher zu verlassen, habe ich selbst während meiner langjährigen Tätigkeit im Rettungsdienst und später als Mitarbeiter in einer neurochirurgischen Reha-Klinik erfahren. Während meiner Ausbildung und später als Patient auf einer chirurgischen Krankenhausstation lernte ich dann die Ambivalenz des „Systems Krankenhaus" kennen.

Medizin zwischen Patientenwohl und Ökonomisierung

Zuwendung, Geborgenheit und Rundumversorgung als psychosoziales Narrativ klinisch-medizinischer Heilfürsorge befinden sich im ökonomischen Wandel, der staatliche Fürsorge-auftrag gegenüber dem Bürger wird zunehmend privatisiert, um den marktgerechten, rentablen Patienten zu erfassen. Der Personalschlüssel in modernen Großkliniken wurde spürbar dezimiert, die Berufsgruppe der Pflegenden arbeitet vielfach am Limit ihrer Leistungsfähigkeit. Der Beruf der Krankenschwester hat ein ernsthaftes Nachwuchsproblem.

Arztromane der Wirtschaftswunderzeit und Krankenhausserien im Farbfernsehen ließen uns einst in eine dünkelhafte romantische Scheinwelt dienender attraktiver Krankenschwestern und höfisch patriarchaler Chefärzte hineinträumen. Die TV Serie „Das Krankenhaus am Rande der Stadt" aus der damaligen ČSSR oder „Die Schwarzwaldklinik" im ZDF verdeutlichten uns Hoffnung und Freude, Liebe und Leid, Tod und Leben. Diese Serien waren als seelische Aufwärmangebote über Jahrzehnte ein Publikumserfolg. In der heutigen Zeit wären diese kleinen, intimen Schicksalsgemeinschaften vermutlich längst dem Controlling und der Gewinnmaximierung des „Systems Krankenhaus" zum Opfer gefallen.

Sanatorien, großflächige Heilstätten mit Erholungsparks und Pavillons aus der Gründerzeit gehören heute längst vergangenen Zeiten an. Das heute noch betriebene Sanatorium Dr. Barner [1] in Braunlage scheint ein Fossil dieser Zeit zu sein und überlebte als Heilstätte nicht nur wegen seiner Einzigartigkeit. In dieser historischen, denkmalgeschützen Jugendstilhülle findet hochmoderne Medizin im Konkurrenzkampf mit anderen Gesundheitsdienstleistern um den „marktgerechten Patienten" statt. Es ist ein steter Kampf um das wirtschaftliche Überleben.

Die hier vorgestellten Stätten der Heilkunde haben diesen Kampf längst verloren, diese verlassenen Orte sind steinerne Zeugen dieser Entwicklung im Gesundheitswesen.

Nur selten ist es gelungen, diese Lost Places zu revitalisieren, zumal in der Tradition als Gesundheitsstandort, wie in Swinemünde [2] und teilweise in Beelitz-Heilstätten [3] bei Berlin.

---

[1] Siehe: Das Sanatorium Dr. Barner in Braunlage – Gesunden wie vor 100 Jahren auf Seite 151
[2] Siehe: Städtisches Krankenhaus Swinemünde – Revitalisierung einer Heilstätte auf Seite 89
[3] Siehe: Beelitz-Heilstätten – eine Geisterstadt im Dornröschenschlaf auf Seite 7

Von sakralen Räumen zu mystischen Orten

Einige dieser verlassenen Einrichtungen der Krankenhausseelsorge wie Kirchenräume, Kapellen, Andachts- und Abschiedsräume, Operations- und Sektionssäle haben nach ihrer Entweihung neue Nutzer gefunden [4].

Manche Anhänger der schwarzen Szene, Geisterjäger, Fetisch- und Gotik-Fans nutzen diese sakralen Räume für rituelle Handlungen oder okkulte Opferrituale.
In den Jahren 1989 bis 1991 erlangte Beelitz-Heilstätten über sechs grausame Morde durch einen ehemaligen Volkspolizisten und Erntehelfer, dem „Rosa Riesen", traurige Berühmtheit. Unter den Opfern war auch die Frau eines russischen Chefarztes und ihr neugeborenes Kind. Nachdem der Mörder den Säugling an einem Baum zerschmettert hatte, erwürgte er die Mutter und verging sich, wie auch nach den anderen vier Morden, an der Leiche.
Jahre später, im Jahr 2008, erdrosselte der Wissenschaftler und Hobbyfotograf Michael F. sein junges Fotomodel und verging sich ebenfalls an der Leiche. Ob die dunkle Aura oder die Vergangenheit dieses Ortes zu diesen Taten führten, bleibt ungewiss.

Unbestritten ist, dass der morbide Charme verfallener Sanatorien mit ihrer geheimnisvollen Aura eine magische Anziehung für Lost Places Fotografen darstellt, ich war einer von ihnen. Bei meiner 23 jährigen Recherche und dem Verfassen dieser Texte für die vorliegende Dokumentation hatte ich mehrere schlaflose Nächte. In meinen Träumen glaubte ich, von den Geistern der gequälten Seelen aus den düsteren verlassenen Krankenhäusern und branntweintrinkenden Sektionsgehilfen aus der Pathologie verfolgt zu werden. Ich hörte Stimmen, die es nicht gab. Das motivierte meinen Forschergeist, dieses Buch zu realisieren und die dazugehörige themenbasierte Fotoausstellung „Stätten der Heilkunde - von Wissenschaftlichen Räumen zu Lost Places" fertigzustellen.

In Lars von Triers melodramatischer Krankenhausserie „Hospital der Geister" analysieren die beiden Küchenhilfen im Keller der Spülküche des Reichskrankenhauses Kopenhagen, Dänemarks größtem Hospital, an unterster Stelle der Hierarchie scharfsinnig die schicksalhaften Geschehnisse über ihnen. Denn die verlorenen ruhelosen Seelen verstorbener Patienten bewohnen die Versorgungs- und Fahrstuhlschächte des Großklinikums und nehmen die Seelen der Lebenden in Besitz. Die Geister lassen das Haus beben.
Die beiden fragen den Betrachter: „Kinder weinen wenn sie Angst haben, Erwachsene weinen wenn sie traurig sind, aber was ist, wenn Häuser weinen?"

Thilo Gehrke

---

[4] Siehe: Sakrale Räume und mystische Orte als Magnet für okkulte Opferrituale auf Seite 163

Der Sanitätssoldat von Beelitz – Heilstätten im Februar 1997

Beelitz-Heilstätten – eine Geisterstadt im Dornröschenschlaf

Weil die „Westgruppe der Truppen der Sowjetarmee" (WGT) sich umfassend selbst versorgen wollte, unterhielt sie in der DDR ein eigenes Gesundheitssystem mit ausgedehnten Lazarettstädten: Das Sanatorium Teupitz, die ehemalige SS-Heilanstalt Hohenlychen, das Armeehospital am Grabowsee und die Heilstätten in Beelitz[5]. Letztmals geriet dieser Standort 1991 in die Schlagzeilen, als sich der ehemalige SED-Chef Erich Honecker – ebenso wie Adolf Hitler Jahrzehnte vorher – dort behandeln ließ, bevor er ins Moskauer Exil flog. Erbaut hatte die Landesversicherungsanstalt Berlin die Anlage ab 1898, um die in Deutschland grassierende Tuberkulose (Schwindsucht) zu behandeln. Die schlossähnlichen Gebäude, die unterirdisch mit breiten Versorgungsgängen verbunden sind, bilden eine der größten Krankenhaus-Komplexe Deutschlands und war die größte Lazarettstadt außerhalb der Sowjetunion. Freitreppen, Marmorsäulen, kunstvolle Buntglasfenster, grüne, kuppelgekrönte Badesäle und Skulpturen der Heilkunde sind Zeugnisse einer stilvollen, längst vergangenen Epoche. Außerdem erinnern vereinzelt noch Standbilder und realsozialistische Wandmalereien an die fast 50-jährige WGT-Nutzung. Durch die Mangelwirtschaft der pragmatischen letzten Nutzer ist somit ein in weiten Teilen unverändertes Kulturdenkmal deutscher Sozial- und Architekturgeschichte des 19. Jahrhunderts erhalten geblieben.

---

[5] Vgl. Gehrke, Thilo: Das Erbe der Sowjetarmee in Deutschland, Verlag Dr.Köster, Berlin, 2008, S.42

Die Heilstätten heilen und erwecken

Bereits 1995, ein Jahr nach dem Abzug der WGT, gingen die Heilanstalten an die Unternehmensgruppe Roland Ernst. Auf dem 200 ha großen abgelegenen Waldareal sollten bis 2006 in einer „Gesundheitsstadt" 3.000 Menschen leben und 1.000 neue Arbeitsplätze entstehen. Im Komplex der ehemaligen Männer-Lungenheilanstalt wurde nach behutsamer denkmalpflegerischer Instandsetzung ein Gesundheitspark mit neurologischer Reha-Klinik eingerichtet. Doch bereits 1999 kamen Gerüchte über eine mögliche Insolvenz der Unternehmensgruppe auf, über die seinerzeit das Nachrichtenmagazin „Der Spiegel" mit der Schlagzeile „Totaler Einbruch" berichtete. Roland Ernst, der parallel die Hackeschen Höfe sanierte und zum Mittelpunkt Berlins machte, geriet in finanzielle und juristische Schwierigkeiten. Seine insolvente Unternehmensgruppe ging an die Landesbank Berlin. Seitdem hat es viele Versuche gegeben, neue Investoren für Brandenburgs größtes Flächendenkmal zu finden. Ein ambitionierter Plan zur Nutzung der Gebäude ist für 2008 verbrieft, als der Architekt Torsten Schmitz Teile der Krankenhausstadt kaufte. Mit seiner TERRA Projektentwicklung GmbH suchte er Partner für sein Ziel, das 75 Hektar große Teilstück zu einem attraktiven Standort für Wohnen, Gesundheitswesen und Bildung zu entwickeln.

Geschehen ist dann lange nichts. Ungesicherte Schächte, alte russische Medikamente-, Feld- und Krankenhausutensilien machten das Gelände zu einem gefährlichen Abenteuerspielplatz. Die Mischung aus ungewöhnlicher Architektur und Verfall macht die Heilstätten nicht nur zu einem beliebten Motiv für Fotografen und Filmproduktionen. Auch Gothic- und SM-Liebhaber sollen diesen geheimnisvollen Ort für ihre Zwecke entdeckt haben, sogar zwei grausame Morde haben sich an Europas bekanntestem Lost Place zugetragen.
Das Ensemble gründerzeitlicher Krankenhausarchitektur war nach dem Abzug des Wachpersonals über 20 Jahre Vandalismus und „kontrolliertem Verfall" ausgesetzt. Diese behördliche Sprachregelung bezeichnet eine Nullvariante der Nutzungs- und Erinnerungsmöglichkeiten. Da sie den Eigentümern nichts kostet, hat sie sich im Laufe der Jahre durchgesetzt.

Creative Village und Baumkronenpfad – neues Leben in alten Mauern

Doch nun kommt Bewegung in die Planungen: unlängst haben neben den Film-Scouts von Studio Babelsberg auch Bau und Touristikunternehmer das Potential der Geisterstadt im Dornröschenschlaf entdeckt: seit 2015 lässt sich der Verfall von einem 40 Meter hohen Aussichtsturm beobachten. Den Themenpark Baum & Zeit (Baumkronenpfad Beelitz-Heilstätten) krönt ein nüchterner Stahlkoloss, von dort oben haben Besucher einen grandiosen Ausblick auf die Chirurgie und das klinikeigene Heizkraftwerk. Die aus der Vogelperspektive zu sehenden verfallenen Klinikgebäude und auch die verwilderten Parkanlagen will Themenparkbetreiber Hans-Georg Hoffmann „sanieren und aufleben" lassen. Die Chirurgie bekam 2020 ein neues Dach, nach und nach sollen die Gebäude „revitalisiert" werden, um den Verfall zu stoppen und für touristische Zwecke zu konservieren.
Seit Mai 2016 laufen auch auf dem Gelände des ehemaligen Frauen-Sanatoriums Umbauarbeiten. Im Pavillon sowie im alten Küchen- und Wäschereigebäude entsteht unter dem Namen Refugium Beelitz-Heilstätten ein sogenanntes Creative Village für Kulturschaffende. Alle Wohnungen sind bereits verkauft oder vermietet. Durch die Nachbarschaft zur Hauptstadt Berlin mit eigenem Autobahn- und Bahnanschluss ist dieser Standort auch zum Wohnen attraktiv. Den 1.000 Quadratmetern Neubaufläche, die dort zur Verfügung stehen, wird nun eine konkrete Form gegeben.

Küchengebäude, Februar 1997, seit 2018 wird dort gewohnt ▲
Alpenhaus, Frauen-Lungenheilstätte, 1945 zerstört, im Februar 1997 ▼

Alpenhaus, Frauen-Lungenheilstätte, 1945 zerstört, im Februar 1997

Chirurgiegebäude der Frauen-Lungenheilstätte im Februar 1997

Beelitz-Heilstätten

Chirurgiegebäude der Frauen-Lungenheilstätte im Februar 1997

Chirurgiegebäude der Frauen-Lungenheilstätte, Operationstrakt, Februar 1997

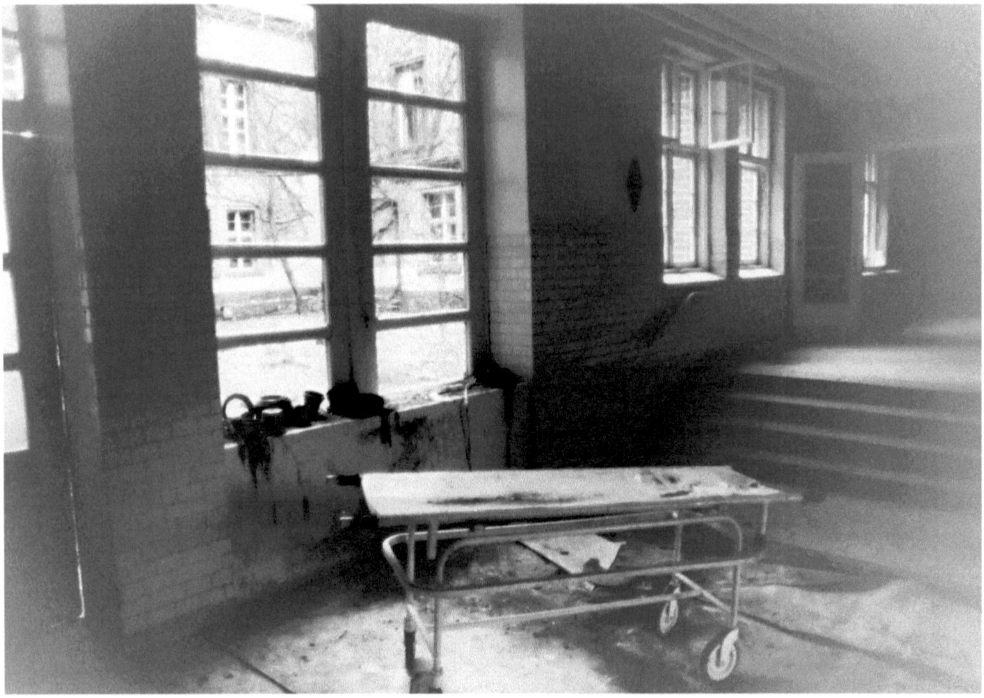

Chirurgiegebäude der Frauen-Lungenheilstätte, ▲ *Fahrzeugremise und Badesaal* ▼, *Februar 1997*

Küchengebäude, Februar 1997, seit 2018 wird dort gewohnt ➤

Beelitz-Heilstätten

Chirurgiegebäude der Frauen-Lungenheilstätte im September 2007

Beelitz-Heilstätten im Februar 1997

Beelitz-Heilstätten

Alpenhaus, Frauen-Lungenheilstätte, im zweiten Weltkrieg zerstört, im Februar 1997

Wandelhallen der Frauen-Lungenheilstätte im Februar 1997, heute Eingang zum Baumkronenpfad

Englischer Landhausbaustil in Beelitz -Heilstätten, Februar 1997

Chirurgie der Frauen-Lungenheilstätte, Operationssaal, 1997

Beelitz-Heilstätten

Chirurgiegebäude der Frauen-Lungenheilstätte im Juni 2015

Fleischereigebäude von 1908, Beelitz-Heilstätten im Juni 2015

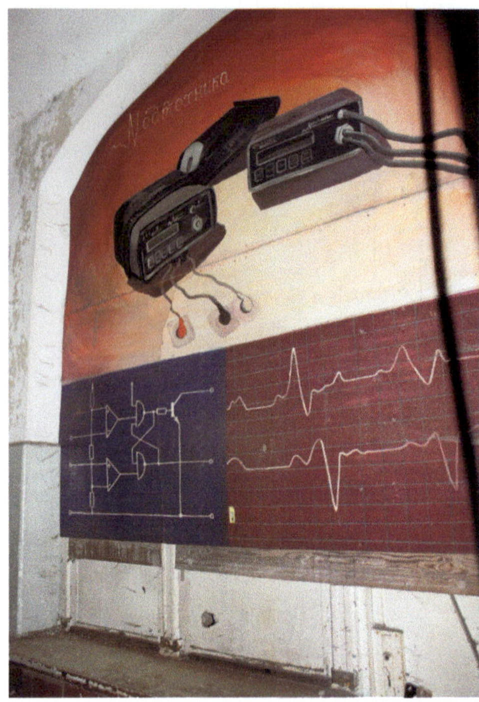

Beelitz – Heilstätten im Juni 2015

Eingang zum Baumkronenpfad vor der Ruine des Alpenhauses ▲
Saniertes Küchengebäude als „Creative Village" Wohnquartier, März 2020 (vgl. Seite 15) ▼

Heilstätte Grabowsee im Juni 2015. Die Enthauptung der Skulpturen der Heilkunde über dem Eingang symbolisiert die Entweihung dieser Heilstätte

Die Heilstätte Grabowsee bei Oranienburg

Rund um die Reichshauptstadt Berlin entstand, wie bereits die Lungensanatorien in Beelitz und Hohenlychen, die Heilstätte Grabowsee bei Oranienburg im neugotischem Stil. Die weitläufige Krankenhausstadt im Wald am Ufer des Grabowsees war vom Volksheilstättenverein zum Roten Kreuz zunächst als Versuchseinrichtung geplant, um festzustellen, ob Lungenkranke auch mit Erfolg im norddeutschen Flachland behandelt werden könnten. Bis dahin ging die Humanmedizin davon aus, dass Erkrankungen der Lunge nur im milden Klima des Mittelmeeres oder in reiner Gebirgsluft zu bessern oder zu heilen seien. So entstand 1896 die erste Lungenheilstätte in Norddeutschland am Grabowsee bei Oranienburg. Im Jahr 1900 standen bereits 200 Betten für leicht- bis schwerkranke Männer zur Verfügung. Während der vier Jahre des Ersten Weltkriegs wurde die Heilstätte am Grabowsee als Vereinslazarett vom Roten Kreuz zur Behandlung lungenkranker Soldaten genutzt, zudem wurden auch Kriegsgefangene dort untergebracht. Durch Krieg und Inflation geriet die Lungenheilstätte in eine wirtschaftliche Schieflage, daher verkaufte das Rote Kreuz den Betrieb 1920 an die Landesversicherungsanstalt Brandenburg. Durch Erweiterungsbauten wurde bis in die 1930iger Jahre eine Bettenzahl von 420 erreicht.

Die Heilstätte besteht bis heute aus Verwaltungsgebäude, Robert-Koch-Gebäude, Ostgebäude, Hans-Böhm-Gebäude, Südgebäude, Behandlungsgebäude, Aufnahmegebäude, Verbindungsgängen, Kapelle, Direktorenwohnhaus, Pförtnerhaus, Ärztewohnhaus, Beamtenwohnhaus, Schornstein mit Hochbehälter, Gärtnerhaus, Seewasser-Pumpenhaus und gärtnerischen Anlagen. Durch den pharmakologischen Fortschritt wurde Tuberkulose schneller heilbar: lange Klinikaufenthalte waren nicht mehr nötig und die Anlagen wurden nicht mehr medizinisch genutzt. Die Heilstätte Grabowsee wurde dann zwischen 1945 und 1991 durch die Westgruppe der Sowjetischen Streitkräfte in der DDR (WGT) als Lazarett genutzt. Die Anlagen wurden langfristig heruntergewirtschaftet, sodass nach deren Abzug im Jahre 1991 eine Neunutzung nicht ohne enormen Kostenaufwand möglich erschien. Zeugenaussagen aus der Zeit des Abzugs der WGT lassen vermuten, dass große Mengen Krankenhausutensilien im Grabowsee entsorgt wurden. Heute sind die einst so prächtigen Gebäude der Heilstätten Grabowsee verfallen und mutwillig zerstört.

Kids Globe – Kunst, Kultur und Soziales als Hoffnungsträger für die Heilstätte

Seit 2005 setzt sich der Verein Kids Globe e. V. für den Wiederaufbau der alten Gebäude und die Einrichtung einer Internationalen Akademie für Kinder und Jugendliche auf dem Gelände ein. Der Verein hat sich die Aufgabe gestellt, die Gebäude in eine freie Bildungseinrichtung für Kinder und Jugendliche umzubauen, mit dem Ziel, einen Standort menschlicher Kultur auf hohem Niveau zu schaffen. Die morbiden Krankenhausgebäude sind eine beliebte Kulisse für internationale Filmproduktionen und Fotografen. Kids Globe möchte das Gelände dem Eigentümer, einem Berliner Geschäftsmann, für etwa zehn Millionen Euro abkaufen und in eine Stiftung überführen. Die weitere Komplettsanierung würde 40 bis 50 Millionen Euro kosten.

Heilstätte Grabowsee im Juni 2015: „Unter dem Banner des Leninismus und der Leitung der kommunistischen Partei - nach vorne - zu dem vollen Sieg des Kommunismus!"

Heilstätte Grabowsee

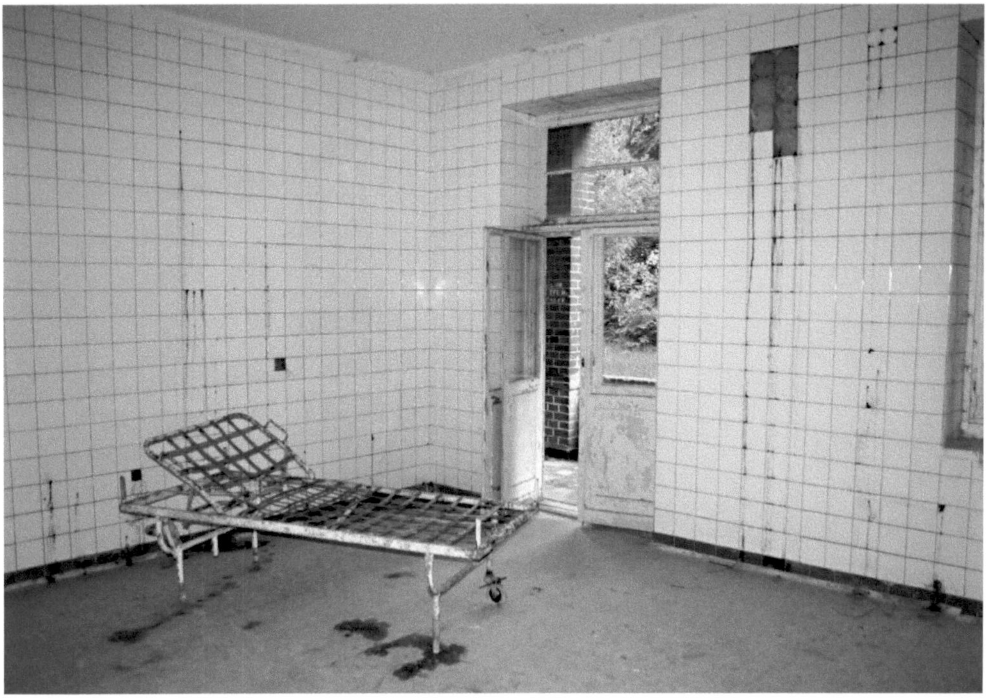

„Galaidin Sergej, Stadt Omsk" hat sich hier verewigt ▼

Heilstätte Grabowsee

„Sauerstoff" ▼

*Die Anstaltskirche fiel nach dem Abzug der letzten Nutzer Brandstiftern zum Opfer, Inschrift „Кубань" –
Der Kuban bezeichnet eine Region in Russland wie den Zufluss des Asowschen Meers im nördlichen Kaukasus*

Heilstätte Grabowsee

▲ Teupitz im Februar 1997, Inschrift über dem Hauseingang: „Verwaltung des Hospitals", ▼ auf der Zellen-türklappe in der Forensik: „Kasan. 50 Tage verbleiben bis zum Befehl (zur Heimkehr), Herbst 93"

Die Landesirrenanstalt Teupitz

Die Krankenhausstadt im Landkreis Dahme-Spreewald in Brandenburg wurde vom Architekten Theodor Goecke in den Jahren 1905 bis 1908 als Heil- und Pflegeanstalt errichtet und bot mit einem Lazarett Platz für 1.050 Kranke. Hinzu kamen Verwaltungs- und Küchengebäude, eine Pensionärsanstalt für weitere 150 Personen, ein Maschinenhaus mit Werkstätten, ein Landwirtschaftshof sowie großzügig angelegte Gärten. Im Ersten Weltkrieg wurden hier Verwundete behandelt. Auf dem Gelände des Reservelazaretts entstand auch ein etwa 50 Meter hoher Schornstein mit einer Aussichtsplattform sowie 1917 eine Friedhofskapelle. In den 1920ger Jahren vervollständigte man die Hospitalstadt im Wald um eine Schlachterei, einen Festsaal, ein Wasser- und Elektrizitätswerk, eine Gärtnerei, einen Friedhof und mehr als zwei Dutzend „Aufnahme- und Überwachungshäuser".

Von der Heil- und Pflegeanstalt über die Euthanasie zur Klinik für psychisch Kranke

Die Nationalsozialisten brachten hier im Zuge der Euthanasiemorde Menschen mit geistigen und körperlichen Behinderungen unter, die dann in Tötungsanstalten der „Aktion T4" – eine nach 1945 gebräuchlich gewordene Bezeichnung für die systematische Ermordung von mehr als 70.000 Menschen mit geistigen und körperlichen Behinderungen – ermordet wurden. Die Gebäude der Anstalt trugen erniedrigende Bezeichnungen wie „Haus für zerstörungssüchtige Frauen", „Haus für unruhige Kranke" oder „Haus für verblödete Kranke". Die Klinik war der Tötungsanstalt Bernburg unterstellt. Neben der Anstalt entstand für die Beschäftigten eigens der Ortsteil „Wärterdorf". 1945 übernahm die Sowjetarmee das Areal der Landesklinik und betrieb ein Militärkrankenhaus des Oberkommandos der russischen Streitkräfte sowie für deren Angehörige. Die Teupitzer Klinik war dem Garnisionskrankenhaus Wünsdorf zugehörig. Seit deren Abzug im Jahre 1994 verfallen die Anlagen.

Seit 1997 steht das Areal mit seinen etwa 20 Gebäuden in Backsteinbauweise unter Denkmalschutz und kostet das Land in dem verwilderten, ruinösen Zustand jedes Jahr etwa 20.000 Euro. Die Brandenburgische Bodengesellschaft (BBG) bemüht sich um die Vermarktung des Areals. In den vergangenen Jahren sollten diverse Projekte realisiert werden. Eigentumswohnungen, ein SOS-Kinderdorf, eine Europaschule, Luxuslofts oder aber ein Café im heute einsturzgefährdeten Wassertrum, nichts schien unmöglich. Auch Ateliers oder Gewerberäume konnte sich die BBG vorstellen. Doch bislang scheiterten alle Pläne. Nur ein kleiner Teil des Areals befindet sich heute in Nachnutzung und wird durch die Asklepios – Klinik für psychisch Kranke modernisiert und nachgenutzt. Nebenan wurde eine moderne Großklinik, betrieben von dem privaten Gesundheitsdienstleister Asklepios, errichtet.

Die forensische Anstalt des Betreibers mutet mit ihren hohen elektronisch gesicherten Zäunen wie ein gebändigter Dinosaurier an. Im selben Baustil verfällt in der Nachbarschaft das Gefängnisgebäude der geschlossenen Psychiatrie. Innen zeugen kyrillische Inschriften in Mobiliar, Wänden und Türen der Gefängniszellen vom Pein und Leid der einstigen Insassen. Die Gitter vor den meisten Fenstern sind noch original aus der Gründerzeit, ebenso die schweren Holztüren mit einem Guckloch für die Aufseher. Vandalen und Buntmetalldiebe fanden in den Teupitzer Heilstätten ein neues Betätigungsfeld. Mehrmals musste bereits die Feuerwehr zum weitläufigen Gelände ausrücken. Ein Ende des Leerstands ist nicht in Sicht.

Der Anstalts-Wasserturm von Teupitz, Oktober 2018

Inschrift: „Eintritt für Unbefugte verboten", Teupitz, Oktober 2018" ▼

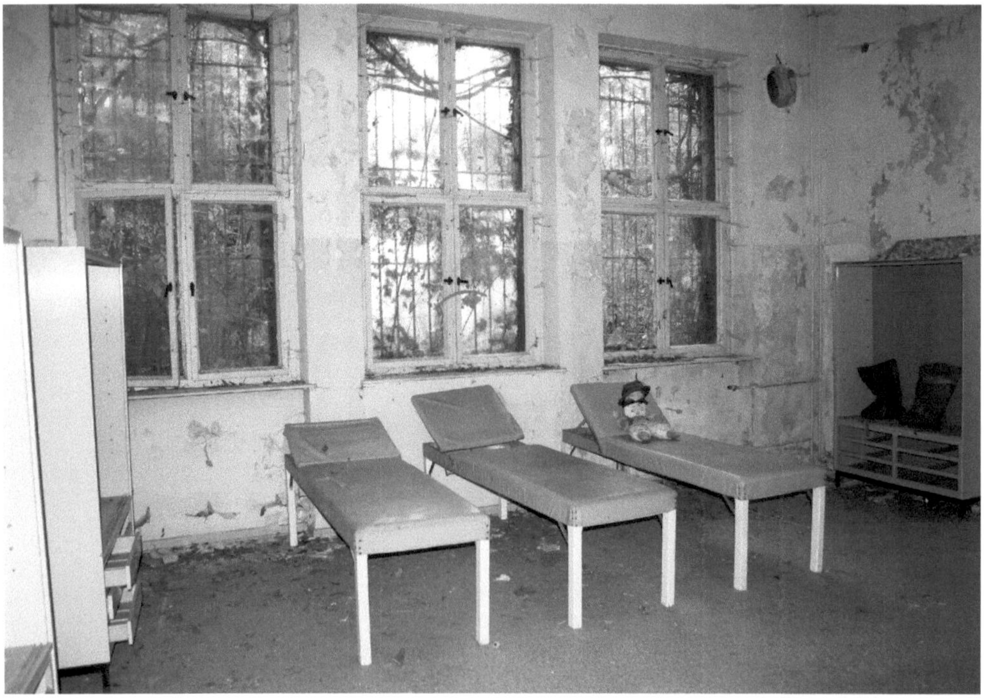

Anstaltsküche, Aufschrift des Behälters: „Milch" ▼

Landesirrenanstalt Teupitz

Aufschrift der Tür im Verwaltungsbau: „Hauswirtschaft"

Forensische Anstalt, Oktober 2018

Landesirrenanstalt Teupitz

Forensik mit Zellentrakt, Teupitz im Oktober 2018

 Landesirrenanstalt Teupitz

Alte Forensik und heutige Forensische Anstalt des Klinikkonzerns Asklepios, Teupitz im Oktober 2018

Trockenraum

Landesirrenanstalt Teupitz

Kneipp- Becken zum Wassertreten, Inschriften von sowjetischen Patienten auf der Holzbank, Jahreszahlen und „Tallin", Hauptstadt der Sowjetrepublik Estland, Heilstätte Hohenlychen im September 2009

Die Volksheilstätte in Hohenlychen

Die Blütezeit Lychens startet mit dem Bau der Volksheilstätten in Hohenlychen im Jahr 1902 durch Prof. Dr. med. Pannwitz. In diese großzügigen Sanatorien konnten Kinder und Erwachsende aus sozialschwachen Familien, die an Tuberkulose erkrankt waren, zur Genesung in den Erholungsort im Naturpark Uckermärkische Seen kommen.
Der Erfolg der Heilbehandlungen ließ ab 1903 eine Krankenhausstadt mit Badeanstalt, Helenenkapelle und Kaiserin-Auguste-Viktoria Sanatorium für weibliche Lungenkranke entstehen. Auch Schulen wie zum Beispiel die Pannwitz-Freiluftschule (1911) (sie ist heute noch Grundschule) und die Augusta-Helferinnenschule (1913) gehörten dazu.
In den 1930iger Jahren kamen umfangreiche Erweiterungsbauten hinzu.

Von der Lungenheilstätte zum „Nationalsozialistischen Musterbetrieb"
Mit dem Bau der Heilstätten entwickelte sich Lychen zu einem Luftkurort. Hohenlychen versprach Genesung, Entspannung und erstklassige medizinische Betreuung, ein kleines Davos mitten in der Mark Brandenburg. Vor dem Zweiten Weltkrieg stand die Behandlung von Tbc-Kranken im Vordergrund. Im Dritten Reich lag das Augenmerk auf Sport- und Arbeitsmedizin. Im Jahr 1936 galt es hier die deutschen Sportler für die Olympischen Spiele bestmöglich medizinisch zu versorgen. Erste Meniskusoperationen wurden hier durchgeführt. Während des Krieges wurde es wichtig, die Kriegsversehrten so bald wie möglich wieder kampf- und arbeitsfähig zu machen. Aber auch zahlreiche Erholungssuchende der nationalsozialistischen Elite kamen in das renommierte Sanatorium.

Unter der Leitung von Prof. Dr. med. Karl Gebhard entwickelten sich die Heilstätten ab 1933 zu einem „Nationalsozialistischen Musterbetrieb" mit 360 Beschäftigten, darunter 55 Ärzte. Vom Ehrgeiz getrieben wollte Gebhardt die Wirkung von Sulfonamiden erforschen. Dies führte zu den verhängnisvollen Menschenversuchen an Häftlingen des Frauenkonzentrationslagers Ravensbrück. Nach dem Krieg mussten sich die beteiligten Ärzte vor dem Nürnberger Ärzteprozess verantworten. Der Reichsführer SS, Heinrich Himmler, führte in den letzten Kriegstagen in der Heilstätte Gespräche mit dem Chef des schwedischen Roten Kreuzes, Folke Bernadotte Graf von Wisborg, um einen westalliierten Seperatfrieden zu erwirken. Dazu kam es nicht, jedoch konnte die Freilassung von 15 000 skandinavischen KZ-Häftlingen, bekannt als Aktion der weißen Busse, erreicht werden. Da die Gebäude mit roten Kreuzen auf dem Dach versehen waren, kam es während des Krieges zunächst zu keinen Bombenangriffen. Am 27. April 1945 starben aber dennoch bei Kriegshandlungen 32 deutsche Soldaten, zwei Tage später wurden die weitestgehend intakten Heilanstalten kampflos den sowjetischen Verbänden übergeben. Die Rote Armee, unter dem Kommandanten Nasarow, plünderte und zerstörte sämtliche Einrichtungen. Operations- und Röntgeneinrichtungen wurden teils zerstört oder abtransportiert. Auch die Helenen-Kapelle wurde Opfer dieser Zerstörung. Altar und Orgel wurden abtransportiert und die Kapelle als Treibstofflager benutzt. Seitdem wurden die Heilstätten als Militärhospital der Sowjets bis zum Abzug der GUS-Truppen 1993 genutzt.
Nach langem Leerstand und Verfall werden nun seit 2014 die Heilstättengebäude von einem Privatinvestor denkmalgerecht saniert. Es entstehen nun am Zenssee als Parkresidenz Lychen »Kaiserin Auguste Victoria« hochwertige Wohnungen, Feriendomizile und eine Seniorenresidenz.

„Order des Verteidigungsministeriums der UdSSR vom 1990: Verpflegungsrationen für Patienten und Arbeitsanweisungen für Kantinenmitarbeiter"

Losung unter dem Verkaufsbanner: „Ruhm für sowjetische Mediziner!"

„Sanitärkontrollraum"

 Volksheilstätte in Hohenlychen

Inschrift auf der Glastür: „Tür geschlossen halten", Hohenlychen im September 2009

Heilstättenbadeanstalt Hohenlychen im September 2009

 Volksheilstätte in Hohenlychen

Lazarett Jüterbog, Operationstrakt, September 2010

Das Militärlazarett Jüterbog

Medizin im Kalten Krieg

Etwa 60 km südlich von Berlin liegt die alte Garnisonsstadt Jüterbog. Dort befand sich schon Ende des 19. Jahrhunderts eine Kaserne der preußischen Armee. Ausgedehnte Militäranlagen wurden von den Nationalsozialisten rund um den Ort Jüterbog errichtet. Die Hochrüstung erreichte zur Zeit des kalten Krieges seinen Höhepunkt: das 13.000 Einwohner zählende Städtchen war von bis zu 70.000 Rotarmisten mit Zivilpersonal und ihren Angehörigen in riesigen Militärliegenschaften eingekesselt.

Diese enorme Anzahl Militärangehöriger erforderte schon damals eine moderne medizinische Betreuung. Bereits 1893 wurde das erste Standortlazarett fertiggestellt. Es bestand ursprünglich aus vier Krankenbaracken und einigen Nebengebäuden. In den Jahren 1930 bis 1936 erfolgte eine Erweiterung der Kapazität, zumal die Militärärzte jetzt auch Familienangehörige von Berufssoldaten und Privatpatienten aus der Zivilbevölkerung zu versorgen hatten. So entstanden als Stätten der Heilkunde ein neues Lazarettgebäude in U-Form, ein Küchengebäude und eine Wäscherei, wie es sich bis heute präsentiert.

Die Krankenanstalt verfügte nun über 400 Betten und die Fachabteilungen Chirurgie, Innere Krankheiten, Haut-und Geschlechtskrankheiten sowie eine Sonderstation für Geburtshilfe. Mit der Ausrichtung der Krankenzimmer im Neubau nach Süden, den Terrassen und Balkonen, wurden das Sonnenlicht und die frische Waldluft als Therapie auch für Tuberkulose-Patienten genutzt. Im Jahr 1938 wurden die Freiflächen gärtnerisch parkähnlich angelegt. Im April 1945 wurde die Einrichtung der Garnison Neues Lager unversehrt von der Roten Armee übernommen und bis zu deren Abzug im Jahr 1992 von der Westgruppe der Sowjetischen Streitkräfte in der DDR (WGT) als Militärkrankenhaus genutzt. Seit deren Abzug verfällt die Anlage.

Der Verein Garnisongeschichte Jüterbog ‚St. Barbara' e.V. bietet an ausgewählten Terminen Führungen durch die ehemaligen Militärliegenschaften inklusive dem Lazarett an.

Krankenhausflur, Aufschrift: „Für Unbefugte Zutritt nicht gestattet"

Lazarett Jüterbog, Operationstrakt, September 2010

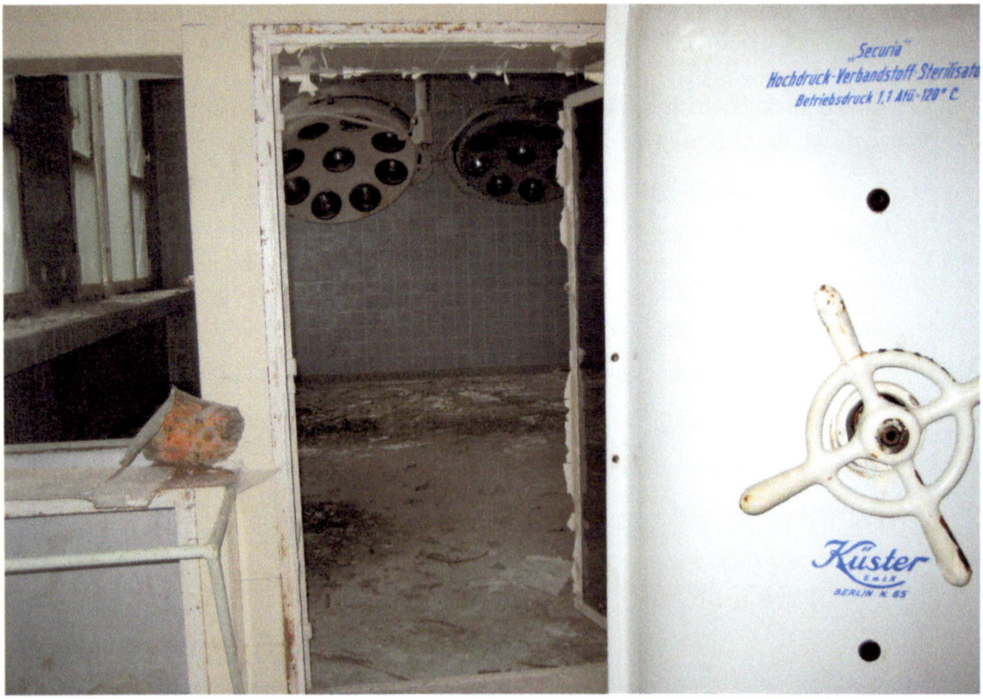

Lazarett Jüterbog im September 2010

Die Heilstätte Gera-Milbitz im Oktober 2018

Die Milbitzer Heilanstalt in Gera

Heilkunde am Rande der Stadt

Im Jahre 1895 gründete das Ehepaar Louis und Christiane Schlutter 1895 die Stiftung „Land-Bezirkskrankenhaus – Stiftung der Familie Schlutter". 1899 eröffnete die Heilanstalt als Land-Bezirkskrankenhaus auf dem Plateau über den Felsen oberhalb des Ortes Gera im Stadtteil Milbitz. Im Beisein des Erbprinzen Reuß j.L., des Fürstlichen Ministeriums und weiterer Honoratioren wurde das Land-Bezirkskrankenhaus feierlich eröffnet und Doktor Clemens Weisker als dessen erstem Leiter zum Betrieb übergeben. Es war eine feierliche Zeremonie. Nach Streitigkeiten mit dem Stifter und der Krankenhauskommission wurde Weisker nach nur zwei Jahren gekündigt. 1904 verstarb Louis Schlutter. 1927 erfolgte eine grundlegende Erweiterung des Komplexes.

1940 firmierte die Heilanstalt als Reservelazarett und war mit durchschnittlich 150 Kriegsverletzten belegt. Die Heilanstalt wurde nach dem Zweiten Weltkrieg (1945) durch die sowjetische Armee als Militärkrankenhaus der GUS-Streitkräfte bis 1990 bis zur baulichen Zersetzung genutzt.

Heute verfallen die restlichen und unter Denkmalschutz stehenden Gebäude zusehends. Was zerstört werden konnte, wurde zerstört, was angesprüht werden konnte, wurde angesprüht. Das ehemalige Schwesternheim wurde saniert und wird heute von Privatpersonen bewohnt. Kesselhaus und Heilanstalts-Gebäude sind jedoch stark einsturzgefährdet und liegen im Dornröschenschlaf.

Die Heilstätte Gera-Milbitz im Oktober 2018

Operationssaal und Anstaltsküche, Heilstätte Gera-Milbitz im Oktober 2018

Die Irrenanstalt, das spätere Hufeland-Klinikum und das leer stehende Sanatorium in Berlin-Buch im Juni 2015

Die Heilanstalten in Berlin-Buch

Die Krankenhaustadt am Regierungssitz

Unter den Heilanstalten in Berlin-Buch sind mehrere Krankenanstalten, Sanatorien und Heime im nordöstlichen Berliner Ortsteil Buch zusammengefasst, die zwischen 1898 und 1930 unter der Leitung des Berliner Architekten und Stadtbaurates Ludwig Hoffmann entstanden.

Im Stadtteil Buch konzentrierte sich die Gesundheitsversorgung der Reichshauptstadt als eigene Krankenhausstadt. Siechenhäuser, Tbc-Stationen, Nervenheilanstalten und modernste Medizinforschung, das alles verbindet sich mit der Geschichte der Krankenhausstadt Berlin-Buch. Der Architekt Ludwig Hoffmann baute noch diverse Einzelbauten: eine Zentrale für Beleuchtung, Heizung und Wasserversorgung der Heilanstalten, mehrere Wohnhäuser, Verwaltungsgebäude sowie einen Anstaltsfriedhof. Das letzte Projekt war die Anlage einer Wohnsiedlung für das Krankenhauspersonal.

1963 wurden alle Kliniken als Städtisches Klinikum Buch zusammengefasst. Vor allem wegen der vielen Spezial- und Schwerpunktkliniken, die es in der DDR nur selten gab, genoss der Heil- und Forschungsstandort Buch einen guten Ruf. Im Jahre 1976 kamen zwei moderne, im Plattenbaustil errichtete Krankenhäuser hinzu. Nur für wenige Menschen zugänglich, befand sich das Regierungskrankenhaus der DDR und in unmittelbarer Nachbarschaft die Klinik für Mitarbeiter des Ministeriums für Staatssicherheit (MfS), das so genannte Stasi-Krankenhaus, auf einem neuerschlossenen Waldgrundstück.

Den Mitarbeitern von Regierung und Geheimdienst sollte es an nichts fehlen. Nach neuesten medizinischen Erkenntnissen und mit Apparatemedizin aus dem Westen, dem nichtsozialistischem Ausland (NSA), ausgestattet, wurde sogar eine eigene Badeanstalt betrieben. Ausgewählte Patienten aus befreundeten Staaten wurden dort auch behandelt. Der Heil und Forschungsstandort Buch war mit etwa 4000 Betten der größte Medizinstandort der DDR und sogar Europas.

Ein Großteil der 108 denkmalgeschützten Gebäude ist heute für einen modernen Klinikbetrieb nicht mehr geeignet. Der Privatbetreiber Helios Kliniken GmbH übernahm das Krankenhauspaket Städtisches Klinikum Buch zu Beginn des Jahrtausends und verpflichtete sich einen Neubau zu errichten. Heute ist das Helios Klinikum Berlin-Buch ein Krankenhaus der Maximalversorgung mit über 1.000 Betten. Die Konversion der ehemaligen Kranken und Heilanstalten zu Wohnraum und Sozialeinrichtungen in den denkmalgeschützten Gebäuden ist vielerorts bereits erfolgt.

Heute ist das Gelände der Krankenhausstadt Buch ein bewohntes Denkmal. Viele Forschungseinrichtungen haben sich dort angesiedelt. Die Gesundheitsregion Berlin-Buch gehört somit zu den größten Biotechnologie-Standorten Deutschlands.

Die beiden DDR Krankenhauskomplexe und ein großes Lungensanatorium aus dem Jahr 1903 stehen jedoch leer und verfallen. Die Plattenbaukliniken werden hin und wieder für Filmaufnahmen und von Lost Places Fotografen frequentiert. Die Stadt und der Bezirk prüfen zurzeit, ob nach dem geplanten und großteils durch den Bund finanzierten Abriss der DDR Klinikgebäuden an deren Stelle Wohnungen und eine Kindertagesstätte entstehen können. Einen konkreten Zeitplan gibt es momentan weder für den Abriss, noch für die Neubauvorhaben.

Ankommen in Berlin- Buch im Februar 2011

Die im Jahre 1976 errichteten MfS und Regierungskrankenhäuser aus der DDR-Zeit stehen seit 2006, nach dem Bau des Helios-Großklinikums, leer. Berlin-Buch im Juni 2015

Krankenhausstadt Berlin-Buch

Gedenkstätte Haftkrankenhaus Berlin-Hohenschönhausen 2011

Das Haftkrankenhaus der Untersuchungshaftanstalt des MfS in Berlin

Medizin hinter Gittern

Es mag ein wenig seltsam anmuten, an dieser Stelle das Haftkrankenhaus des MfS als Stätte der Heilkunde vorzustellen, hatten die dortigen Haftbedingungen des Gefängnisses oftmals die Menschen doch erst krank werden lassen. Gleichwohl haben auch die Ärzte des MfS den Hippokratischen Eid geleistet, oftmals beschränkte sich hier jedoch die Medizinische Ethik auf die bloße Lebenserhaltung des Patienten.

Auf dem Gelände der Untersuchungshaftanstalt des Ministeriums für Staatssicherheit (MfS) der Deutschen Demokratischen Republik (DDR) in der Berliner Genslerstraße befand sich bis 1990 das Haftkrankenhaus des Gefängnisses. Die Anstalt war in einem militärischen Sperrbezirk, der von der Außenwelt hermetisch abgeschlossen war. Geografisch war das Gefängnis auf keinem gebräuchlichen Stadtplan existent.

Seit 1939 hatte sich hier eine Großküche der Nationalsozialistischen Volkswohlfahrt (NSV) befunden. Die Sowjets richteten nach dem Kriege in dem leer stehenden Gebäudekomplex nebst einigen Baracken ein Lager ein – das sogenannte Speziallager Nr. 3 als Haftort, Sammel- und Durchgangslager für über 16.000 Männer, Frauen und Jugendliche, die als Nationalsozialisten verdächtigt oder einfach willkürlich von den Sowjets verhaftet wurden. Von hier aus erfolgten Transporte in die sowjetischen Speziallager nach Ketschendorf, Weesow und in das ehemalige KZ Sachsenhausen. Der zunächst einstöckige Bau des Haftkrankenhauses am Rande des Anstaltsgeländes beherbergte ursprünglich die Wäscherei und die Garagen der benachbarten ehemaligen Großküche, im Mai 1945 zog dort die Verwaltung der zentralen sowjetischen Untersuchungsgefängnisse ein. 1951 übernahm das ein Jahr zuvor gegründete Ministerium für Staatssicherheit (MfS) der DDR das sowjetische Gefängnis und nutzte es von nun an als seine zentrale Untersuchungshaftanstalt. Bis 1990 wurden hier und in dem im November 1960 in Betrieb genommenen Gefängnisneubau zahlreiche Menschen inhaftiert, die der kommunistischen Diktatur im Weg standen – insgesamt über 11.000 Personen. Vom MfS wurde das Gebäude der Wäscherei erweitert und zu einer Krankenstation umgebaut. Bei der letzten Erweiterung entstanden 1972 am Ostteil des Gebäudes drei Hofgangzellen, in den die Häftlinge an die frische Luft geführt werden konnten. Die nach oben offenen Zellen waren mit einem Maschendraht abgedeckt und wurden im Häftlingsjargon als „Tigerkäfige" bezeichnet. Das Haftkrankenhaus unterstand dem Zentralen Medizinischen Dienst des MfS. In ihm wurden Häftlinge aus den drei Berliner Untersuchungsgefängnissen, aus den Haftanstalten der Bezirksverwaltungen des MfS aus den 15 DDR-Bezirken ambulant oder stationär behandelt. Dafür standen Krankenzellen mit 28 Betten zur Verfügung. Im zentralen Gefängniskrankenhaus waren unter anderem angeschossene Flüchtlinge, schwer erkrankte Häftlinge oder Inhaftierte, die in den Hungerstreik getreten waren, in Haft.

Zwischen 21. Mai 1959 und bis zur Schließung am 7. Dezember 1989 wurden insgesamt 2.694 Personen in das Haftkrankenhaus eingeliefert, 377 von ihnen mehrfach. Das behandelnde Personal bestand aus Mitarbeitern des MfS. Eine ärztliche Schweigepflicht bestand nicht. Im Original zu sehen sind die Röntgenstation, eine Kühlkammer sowie Behandlungs-, Operations- und Laborräume. Von 1978 bis 1988 war Horst Böttger als forensischer Psychiater im Haftkrankenhaus tätig. 1989 arbeiteten hier unter Leitung von Dr. Herbert Vogel 28 hauptamtliche MfS-Mitarbeiter.

Die zentrale Untersuchungshaftanstalt des Ministeriums für Staatssicherheit der DDR ist seit 1994 eine authentische Gedenkstätte, die öffentlich zugänglich und ein Ort der politischen Bildung, Forschung und Lehre sowie der pädagogischen Zeitzeugenbetreuung ist. Das Haftkrankenhaus ist seit September 2008 im Rahmen einer Führung öffentlich zugänglich.

„Tigerkäfig" Patienten-Freiganghof, Gedenkstätte Haftkrankenhaus Berlin-Hohenschönhausen 2011

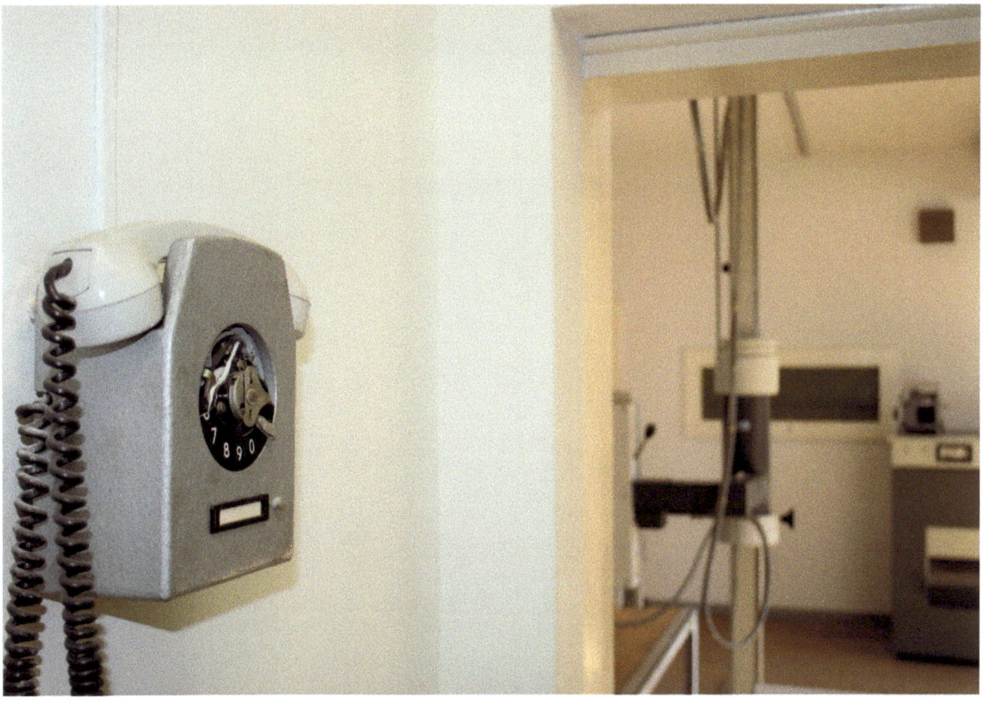

     Haftkrankenhaus des MfS in Berlin

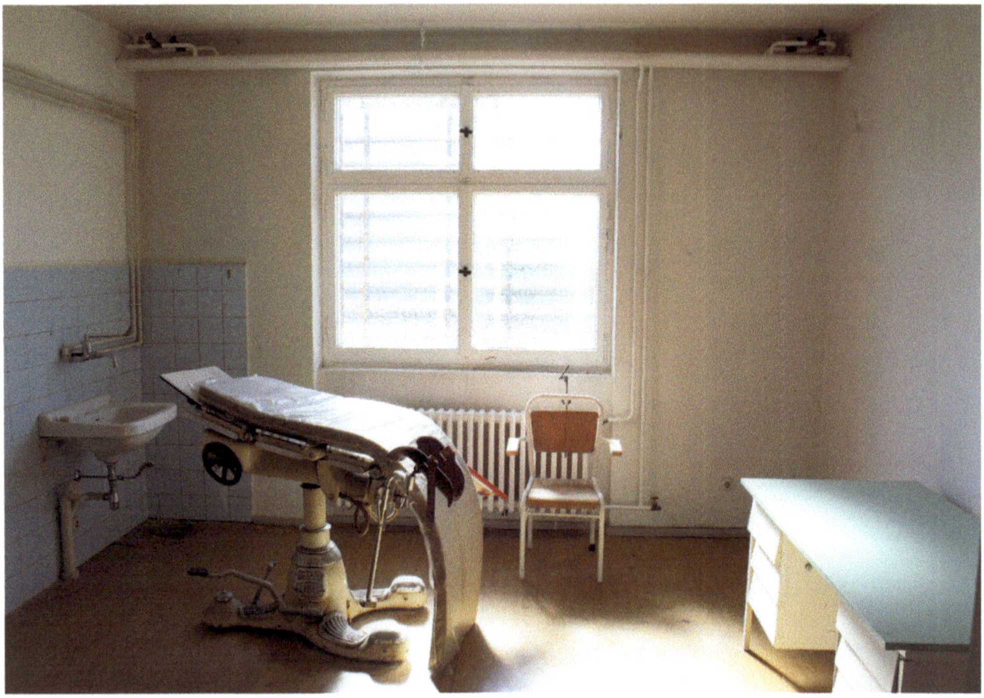

Haftkrankenhaus des MfS in Berlin

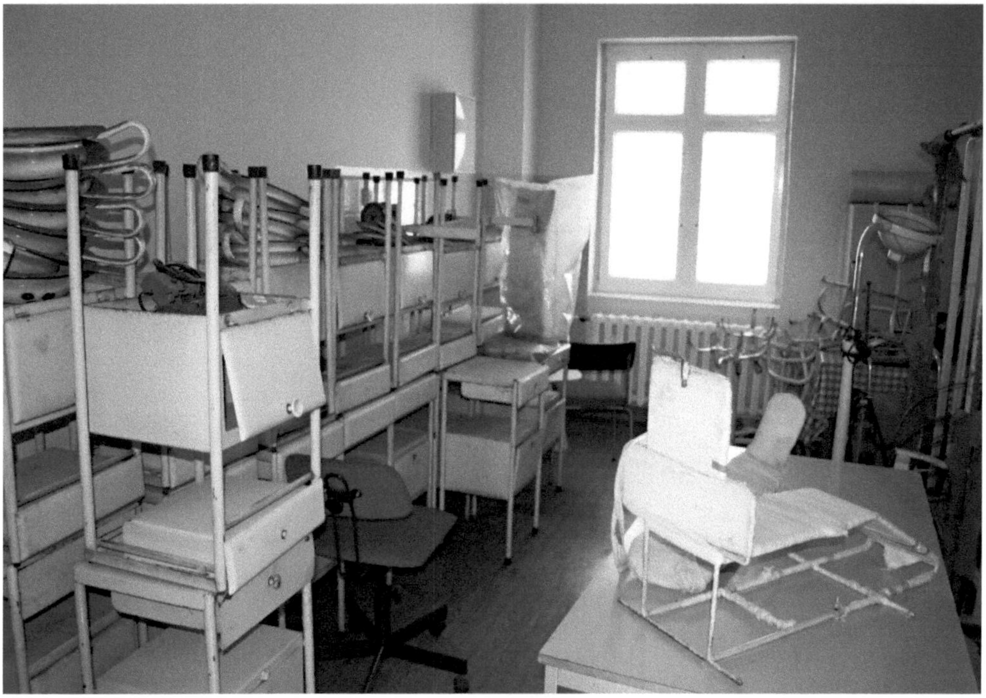

*„Gummizelle" im Hafthauskeller für Tobsüchtige,
also Patienten mit schweren psychopathologisch bedingten Anfällen* ▼

Haftkrankenhaus des MfS in Berlin

Das Elisabeth-Sanatorium, Station 1 im Oktober 2014

Das Elisabeth-Sanatorium in Güterfelde bei Potsdam

Von der Hautklinik zum Mehrgenerationencampus

Das einstige „Elisabeth-Sanatorium" wurde auf einem weitläufigen Waldgelände bei Güterfelde im märkischen Sand zwischen 1912 und 1914 für den Arzt Walter Freimuth und dessen Ehefrau Elisabeth errichtet und diente zunächst als Lungenklinik. Die jüdischen Betreiber mussten nach Machtantritt des NS-Regimes aus Deutschland fliehen. Bis 1952 erfuhren dort Lungenkranke ihre Heilbehandlung, dann wurde aus dem Ensemble eine Heilstätte für Haut- und Lymphdrüsentuberkulose – die einzige Einrichtung dieser Art in der Deutschen Demokratischen Republik (DDR).

1967 schließlich begann die Umgestaltung zu einer Hautklinik des damaligen Bezirkskrankenhauses Potsdam. 25 Schwestern und ein Dutzend Ärzte sorgten sich um die Patienten, für die im Hauptgebäude bis zu 90 Betten zur Verfügung standen. Die Nebengebäude dienten als Wirtschaftshaus und als Unterkunft für Mitarbeiter. In den 80er Jahren noch einmal modernisiert, kam dann aber bald das Aus. 1994 zog die Hautklinik in das Stammhaus des Klinikums „Ernst von Bergmann" nach Potsdam, seitdem steht das Haus leer und verfällt. Danach wurde das denkmalgeschützte Anwesen der jüdischen Familie zurückgegeben, es gehörte der in den USA lebenden hochbetagten Ursula Freimuth. Das Elisabeth-Sanatorium steht heute nach dem Bau einer Umgehungsstraße auf einer Verkehrsinsel, der dazugehörige Park mit den Liegehallen für Lungenkranke ist von den Straßenbauarbeiten stark in Mitleidenschaft gezogen worden. Lärm und die isolierte Lage haben lange potenzielle Investoren abgeschreckt.

Im Jahr 2018 gab es einen Besitzerwechsel. Der ehemalige DDR-Fluchthelfer Wolfgang Schroedter will hier mit seinen Kindern Anne und Sebastian im Güterfelder Eck einen Mehrgenerationencampus mit sozialen und medizinischen Dienstleistungen sowie Wohnbebauung errichten.

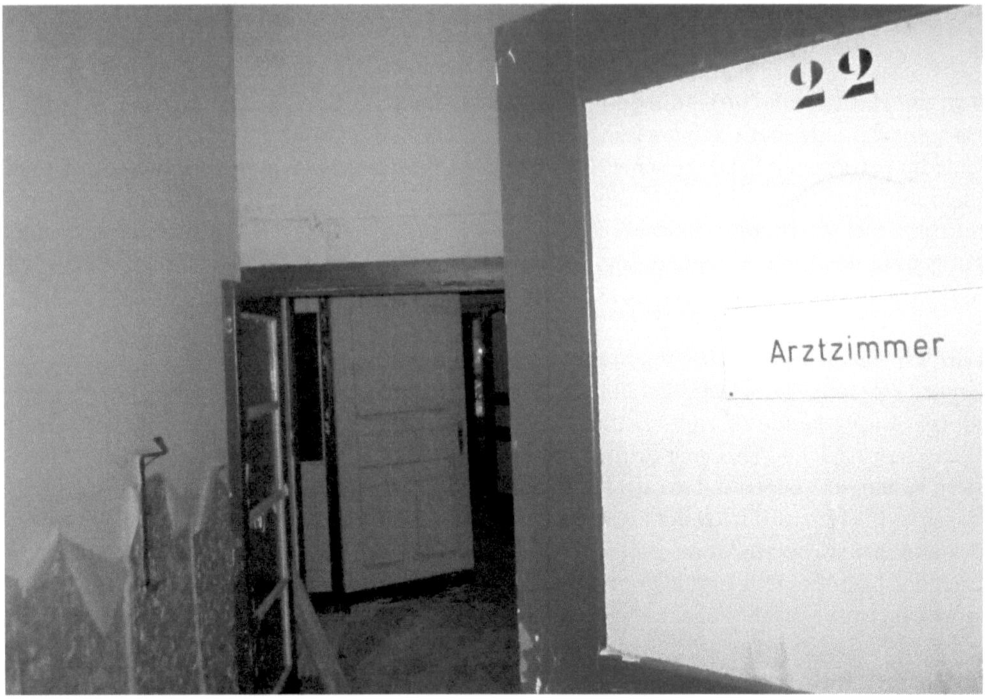

Das Elisabeth-Sanatorium im Oktober 2014

Elisabeth-Sanatorium Güterfelde

Das Kindersanatorium Erich Steinfurth in Zinnowitz auf Usedom

Vom Kinderheim zum Spekulationsobjekt

Im Jahr 1875 wurde das Pensionat und Hotel Belvedere auf dem Zinnowitzer Glienberg eröffnet. 1907 wird es an die Arbeiter-Pensionkasse verkauft, weitere zwanzig Jahre später, 1927, erwirbt die Milde Stiftung der Deutschen Reichsbahn das Hotel Belvedere und das am gleichen Ort befindliche Hotel Kagemann und gestaltet die Gebäude um zu einem Eisenbahner-Waisenhort für elternlose Kinder von Eisenbahnern. Die Umbaumaßnahmen werden aus Spendenmitteln finanziert und umfassen unter anderem den Neubau einer Turnhalle. Unmittelbar nach Kriegsende wird das Heim als Quarantäneanstalt requiriert und zwei Jahre lang zur Unterbringung tschechischer und polnischer Vertriebener genutzt („Seuchenkrankenhaus"). 1949 erhält es den Namen Erich-Steinfurth, einem von den Nationalsozialisten ermordeten KPD-Politiker. Anfänglich werden auf dem weitläufigen Gelände Pionierlager veranstaltet, 1958 wird der ehemalige Eisenbahner-Waisenhort unter der Bezeichnung Kinderkurheim „Erich-Steinfurth" dann eine Einrichtung des staatlichen Gesundheitswesens der Deutschen Demokratischen Republik. Ab 1964 erfolgt die planmäßige Umgestaltung in ein Kindersanatorium, die 1967 abgeschlossen ist. Im Zuge der Wende 1989 wird das Sanatorium abgewickelt, 1991 geschlossen und von der Deutschen Eisenbahngewerkschaft verkauft. In der Folgezeit tauchen Pläne zur Umwandlung in eine Seniorenresidenz oder ein Hotel auf, sie werden jedoch nie realisiert. Der weitläufige denkmalgeschützte Gebäudekomplex ist seit 1991 dem Verfall und Vandalismus preisgegeben. In Internetforen schildern einige ehemalige Patienten drakonische Erziehungsmethoden, während andere mit ihrem Kuraufenthalt eher positive Erinnerungen verbinden. Das derzeitige Erscheinungsbild des Kindersanatoriums wurde so zur dünkelhaften Projektionsfläche für kontrovers erlebte persönliche Erinnerungen und Grenzwahrnehmungen.

Auf dem 4,6 Hektar großen Areal auf dem Zinnowitzer Glienberg sollen nun durch einen Investor aus Dortmund 126 Dauerwohnungen und ein Apartment-Resort entstehen.

◄ *Das Kindersanatorium im Oktober 2013*　　　　*Das Kindersanatorium im Jahr 2002* ▲

ausser
Versorgungs
fahrzeuge

„Durchgang für betriebsfremde Personen verboten, Haupteingang benutzen"

Das Kindersanatorium „Erich Steinfurth" im Jahr 2002

Das Kindersanatorium „Erich Steinfurth" in Zinnowitz an der Ostsee im Oktober 2013

    Kindersanatorium Erich Steinfurth auf Usedom

Das Kindersanatorium „Erich Steinfurth" in Zinnowitz an der Ostsee im Oktober 2013

Das Krankenhaus nach der Revitalisierung als Kurhotel Cesarskie Ogrody (Kaisergarten) im Oktober 2013

Städtisches Krankenhaus Swinemünde

Revitalisierung einer Heilstätte

Das älteste Krankenhaus im heute polnischen Seebad Swinoujście, dem alten deutschen Swinemünde in Pommern, wurde, nach jahrelangem Leerstand zur Ruine verkommen, zum modernen Kurhotel Cesarskie Ogrody (Kaisergarten) umgewandelt. Diese Revitalisierung stellt einen erfreulichen Sonderfall dar, auf den viele andere abgewickelte Heilstätten und Sanatorien bislang vergebens warten. Heute wird hier an die Tradition der Heilstätte angeknüpft.

Das erste städtische Krankenhaus in Swinemünde wurde im Jahr 1875 eröffnet. Das heutige denkmalgeschützte Gebäude stammt aus dem Jahr 1919. Den Bombenangriff amerikanischer Flugzeugverbände vom 12.März 1945, der bis zu 23.000 Opfer forderte und die pommersche Küstenstadt weitgehend zerstörte, überstanden die Klinikgebäude relativ unbeschadet. Nach dem Zweiten Weltkrieg diente es als Lazarett für die sowjetischen Besatzungstruppen und ging erst nach deren Abzug im Jahr 1992 wieder an die Stadt über. Dabei nahmen die Militärs alles mit, was ihnen brauchbar erschien. Danach stand das Krankenhaus lange Zeit leer und verfiel, bevor 2007 ein Investor das rund 40.000 qm große Gelände übernahm. Zwei Jahre später begannen die Umbauarbeiten.

Das neue Kurhotel verfügt seit der Eröffnung und Revitalisierung im Jahr 2011 über 92 Gästezimmer, einem kleinen Schwimmbad, Spa-Bereich und auch über medizinische Behandlungsräume. In der Tradition der Heilstätte werden vorwiegend Krankheiten und Beschwerden des Kreislaufsystems, der Atemwege sowie des Stütz- und Bewegungsapparates behandelt. Viele Patienten kommen aus Deutschland und genießen die Kuranwendungen in ihrer alten Heimat, möglicherweise sogar in ihrer Geburtsstätte. Die Anlage befindet sich im westlichen Teil der Stadt, unweit vom Kurviertel und der Strandpromenade.

Stations- und Operationsräume der Ruine des Städtischen Krankenhauses Swinemünde im September 2006

Städtisches Krankenhaus Swinemünde

DAMP
GESUNDHEIT + ERHOLUNG
HANSE-
KLINIKUM
WISMAR
Klinik für Psychiatrie,
Psychotherapie und
Psychosomatik
Haupteingang
P
Besucher /
Patienten

Das Dahlberg-Krankenhaus in Wismar

Seit dem Jahr 1833 diente das alte Magazingebäude bei der Klosterkirche am Katersteig in Wismar als Krankenhaus. Für damalige Verhältnisse war es modern und großzügig mit zwei Stockwerken eingerichtet. Unten wurden weibliche, im oberen Stockwerk männliche Kranke aufgenommen. Die Räume waren mit eisernen Öfen beheizt.

Ein geräumiges Zimmer war Untersuchungssaal, Operationsraum und Sitz der Direktion in einem. Seit 1888 war Dr. Hugo Unruh (1854-1923) Leiter des Krankenhauses und erkannte, dass das Haus den Anforderungen längst nicht mehr gerecht wurde. In Briefwechseln versuchte der engagierte Mann den Rat der Stadt von der Notwendigkeit eines neuen Krankenhauses zu überzeugen. Er bemängelte die fehlende Infektions- und Leichenhäuser, die fehlenden modernen Sterilisationsapparate, das ebenso nicht vorhandene warme Wasser im Operationssaal zum Waschen der Hände und vieles mehr.

Alles gute Argumente, auf denen der Rat mit dem Satz „jetzt und in absehbarer Zeit könne er auf die Sache nicht eingehen" reagierte. Unruh gab nicht auf. Er bereiste andere Städte, um sich dort die Verhältnisse anzusehen. Das Ergebnis ist seine Forderung mit konkreten Vorstellungen von einem Krankenhausneubau, als Ort empfiehlt er 1902 den Dahlberg und so geschah es. Seine Idee hielt bis 2011, auch wenn das Dahlberg-Krankenhaus schnell zu klein wurde. Als 1939 das neue Luftwaffenlazarett mit 360 Betten am Friedenshof in Betrieb genommen wurde, wurden über die Jahre verschiedene Abteilungen des Krankenhauses am Dahlberg untergebracht – zuletzt bis 2011 die Psychiatrie. Die leer stehenden und noch teilweise eingerichteten gut erhaltenen Gebäude waren seitdem dem Verfall und Vandalismus preisgegeben.

Von der Hanseklinik zur Brandruine

Die Sana Kliniken AG hatte das 2,35 Hektar große Grundstück an ein Unternehmen aus dem hessischen Gießen verkauft. Die Umwandlung in ein Seniorenheim war im Gespräch.

Für Schlagzeilen hatte ein Brand in der früheren psychiatrischen Klinik im Juli 2016 gesorgt. Drei junge Männer hatten eine Matratze im Obergeschoss des leer stehenden Gebäudes mit einem Feuerzeug entzündet. Die Flammen griffen rasch auf das gesamte Dachgeschoss über, es entwickelte sich ein Großbrand.

In der Folge wurden im Herbst 2018 fast alle Bäume gerodet und die Klinikgebäude eingeebnet. Entstehen sollen nun auf dem Dahlberg 90 Wohnungen und 130 Plätze in einer Pflegeeinrichtung.

Laboratorium

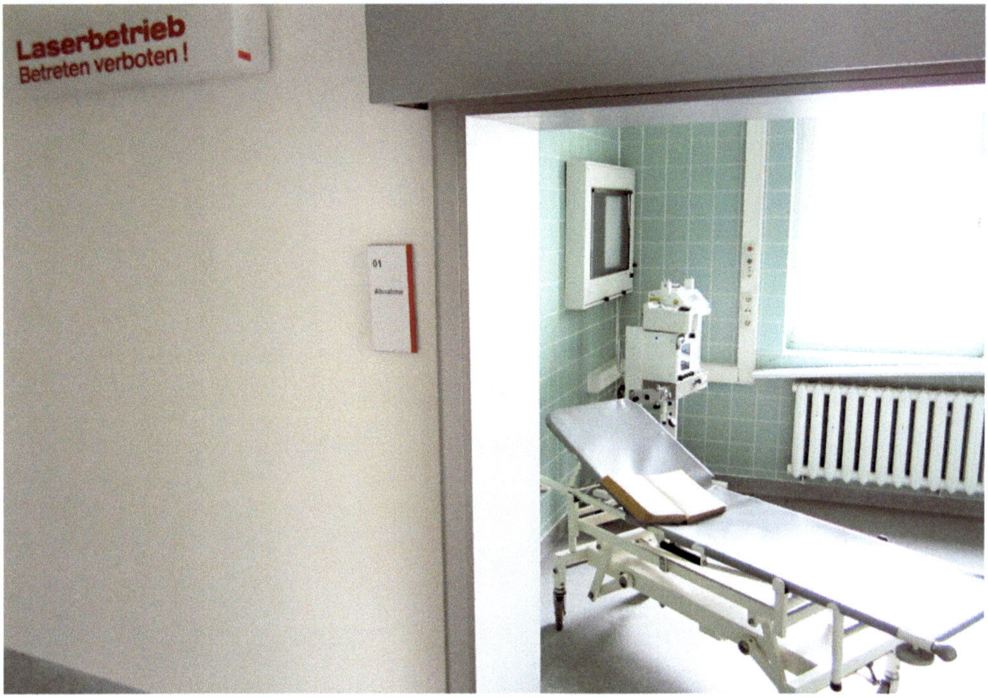

Laserbetrieb
Betreten verboten !

01
Abnahme

Schwester Marion

Thiede

Ass.-Arzt Herr

OA Herr Dr. med.

Krisch

Hanseklinikum Wismar

▼ Das Lehrbuch „Psychiatrie, Neurologie und medizinische Psychologie" vor dem Haupteingang der psychiatrischen Anstalt auf dem Dahlberg in Wismar im März 2014 (rechts)

Hanseklinikum Wismar

Die Hanseklinik auf dem Dahlberg ist Geschichte, …

… der Baumbestand mit seinen mächtigen Wurzeln gerodet, April 2020

Hanseklinikum Wismar

Die alte Pathologie im Eppendorfer Krankenhaus in Hamburg

Von der Pathologie zum Museum

Entstanden ist das Eppendorfer Krankenhaus 1884-89 am Rande Hamburgs als Folge der verheerenden Cholera-Epidemien - und zwar nach den damals neuesten Erkenntnissen der Krankenpflege: auf einem großen Parkgelände waren für jede klinische Disziplin, ähnlich wie in Barmbek, luftdurchflutete Pavillons errichtet worden. Schon wenige Jahre später entstand das Institutsgebäude mit Speziallaboratorien für die Forschung, das erste seiner Art überhaupt.

Es legte die Grundlage für die Zukunft des Krankenhauses als Universitätsklinik, der späteren Universitätsklinik Eppendorf (UKE). Der Architekt Fritz Schumacher entwarf 1911 einen repräsentativen dreiflügeligen Backsteinbau - er sollte wegen des Ersten Weltkriegs erst 1926 fertiggestellt werden -, dessen dominierender Mitteltrakt die Hörsäle und den Sektionssaal aufnahm. Hier wurden die Leichen von Verstorbenen geöffnet, um die Ursachen des Todes herauszufinden. Während die Anatomie den gesunden Körper zum Gegenstand hat, ist die Pathologie die Lehre von den Krankheiten und den einhergehenden Veränderungen des menschlichen Körpers. Forschung und Vermittlung von pathologischem Wissen geschah hier durch das Öffnen von Leichen, der Sektion. Dabei zerlegt man die sterbliche Hülle des Menschen und entnimmt Organe zur mikro und makroskopischen sowie visuellen Begutachtung. Helles Licht war für die pathologische Untersuchung notwendig. 1911 war dies jedoch elektrotechnisch noch nicht möglich, daher entschied sich Schumacher für Tageslicht durch eine Glasdecke. Bis in das Jahr 2008 war der Sektionssaal mit dem anatomischen Theater für angewandte Wissenschaften in Betrieb, der Hörsaal im historischen Fritz-Schumacher-Bau wird bis heute für Forschung und Lehre genutzt. Da Hamburg bis zu diesem Zeitpunkt kein medizinhistorisches Museum hatte, schien dieser Standort im Universitätsklinikum ideal zu sein.

Von der Stätte der Forschung und Lehre zum mystischen Ort

Dank des Einsatzes des Freundes- und Förderkreises des UKE sowie mithilfe des Denkmalschutzamtes und zahlreicher Sponsoren konnte der Sektionssaal, als Mittelpunkt des Museums, 2009/2010 aufwendig restauriert und in den Ursprungszustand mit der historischen Glasdecke versetzt werden. Sie war aus hygienischen Gründen abgehängt und durch Kunstlicht ersetzt worden. In Deutschland gibt es keinen vergleichbaren historischen Sektionssaal, der für die Öffentlichkeit zugänglich ist. Sein ästhetisches Raumerlebnis, seine intensive Helligkeit führt, in Verbindung mit der Stille dieses mystischen Ortes, unweigerlich zu einer Auseinandersetzung mit der eigenen Vergänglichkeit - mit dem Phänomen Vergangenheit, Gegenwart und Zukunft.

Das medizinhistorische Museum setzt die Repräsentation von historischen und kulturellen Aspekten der Medizin in Vergangenheit und Gegenwart in seinen interdisziplinären Ausstellungen um. Eine umfangreiche Moulagensammlung wartet im Nachbargebäude - dem ehemaligen Abschiedshaus - auf den Betrachter. Moulagen sind plastische farbige Darstellungen von Krankheiten aus Wachs. Der Hamburger Hafen bescherte dem Krankenhaus einen permanenten Nachschub an Krankheitsbildern aus Übersee, auch solche, die es heute, etwa 100 Jahre später, nicht mehr gibt. Der Blick auf die entstellten Gesichter von Hunderten armer Seelen in der Abteilung mit den Kopfmoulagen in der ehemaligen Pathologie lässt die Vergangenheit plastisch werden.

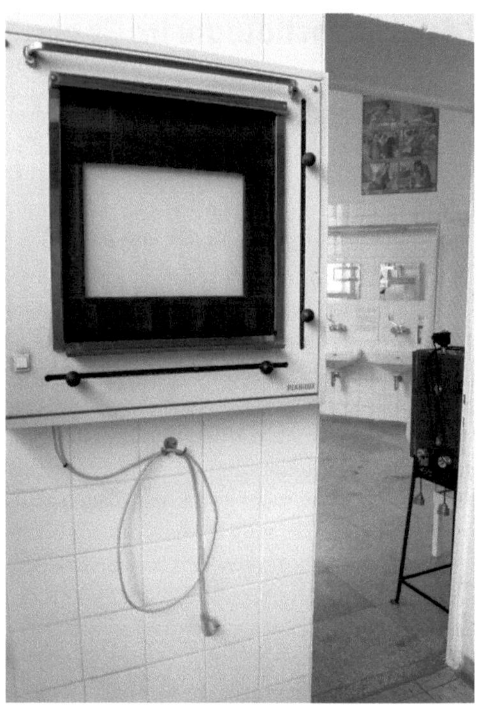

Sektionsaal und anatomisches Theater als Zentrum des medizinhistorischen Museums im UKE im August 2011

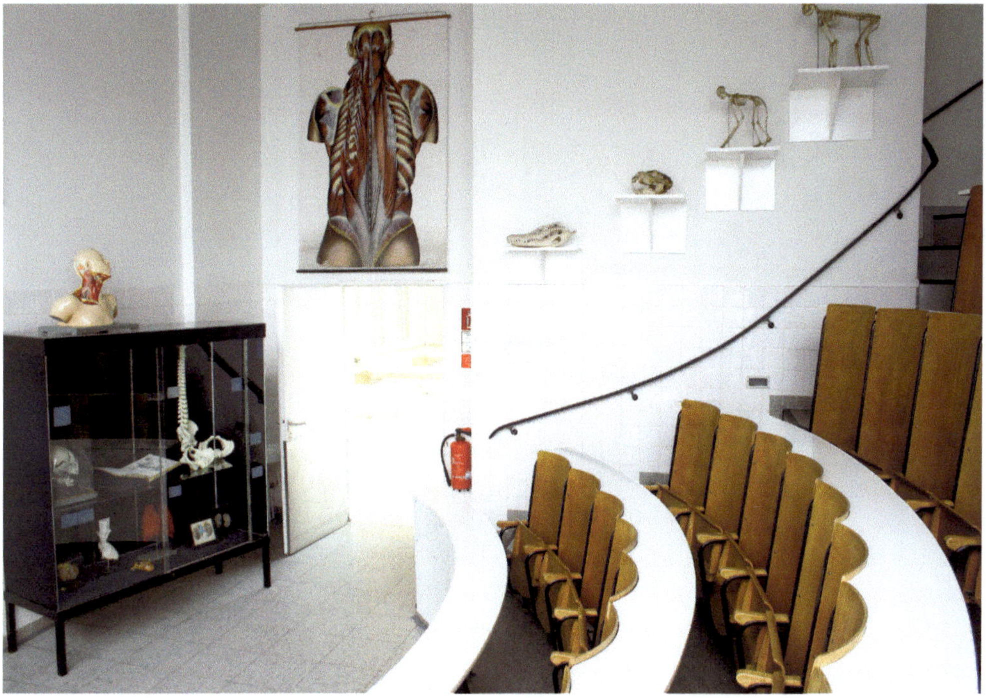

Sektionsaal und anatomisches Theater als Zentrum des medizinhistorischen Museums im UKE im August 2011

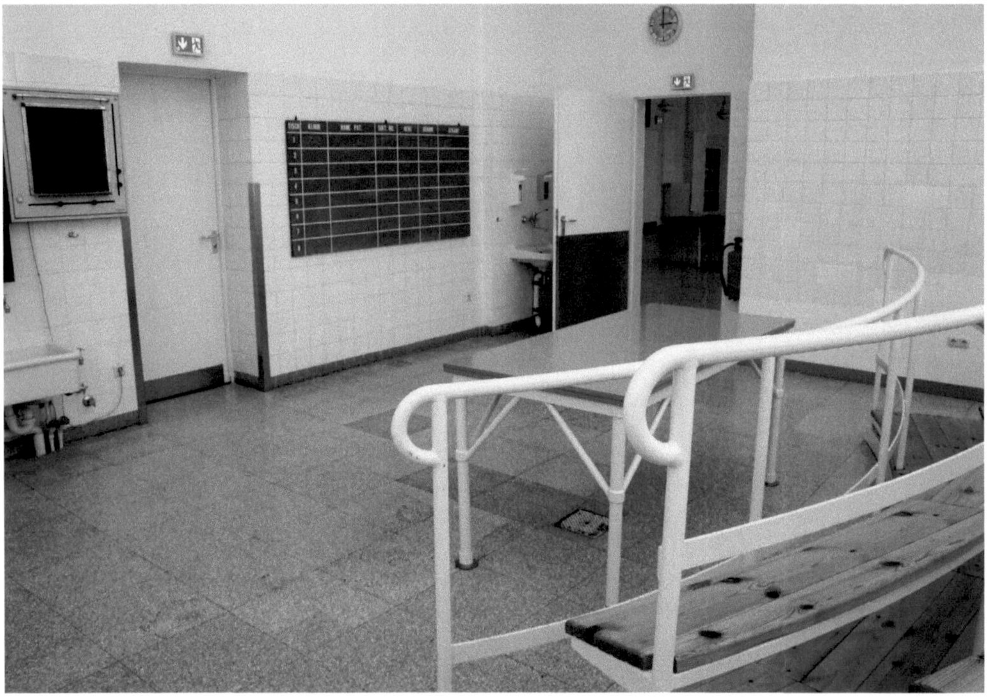

Das anatomische Theater nach der denkmalgerechten Umgestaltung im Mai 2019

Medizinhistorisches Museum Eppendorf

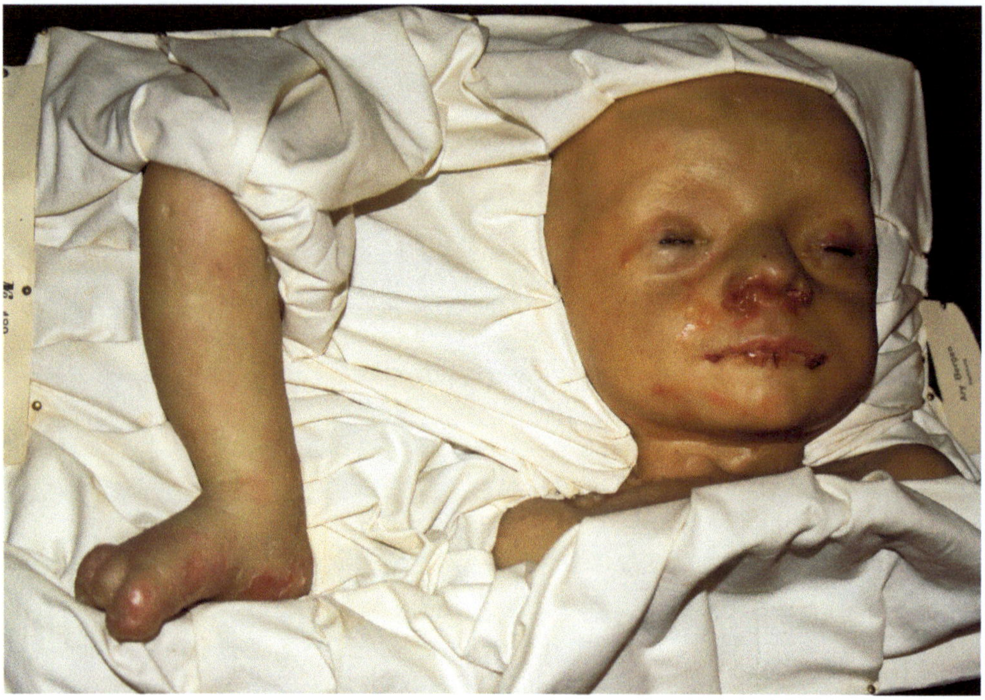

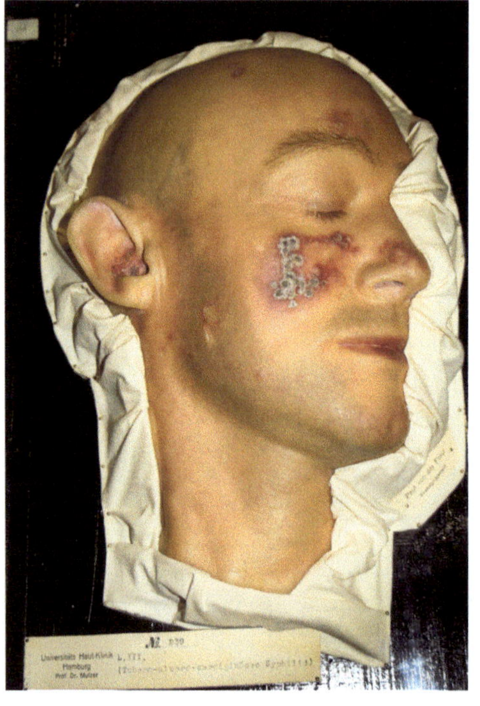

Kopf- und Körpermoulagen als plastische Darstellung von Krankheitsbildern im Museum im Mai 2019

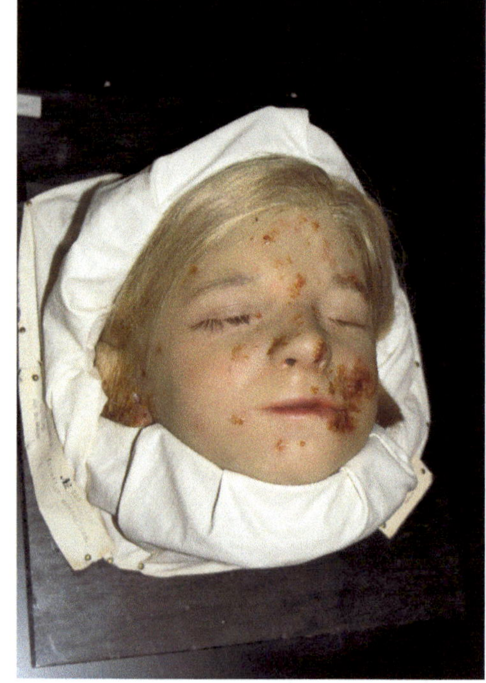

Modell eines Pavillons aus der Gründerzeit des Krankenhauses im Medizinhistorischen Museum im Mai 2019

 Medizinhistorisches Museum Eppendorf

So medizinisch kühl der Sektionssaal gehalten ist, so einladend ist die Eingangshalle der alten Pathologie mit ihren leuchtendwarmen Keramik-Fliesen, Mai 2019

Die ehemalige Pathologie als Medizinhistorisches Museum des Universitätsklinikums Eppendorf (UKE)
Aufschrift des Postkastens: „Institut-Pathologie – Eilboten – Untersuchungsmaterial" im Mai 2019 ▼

KRANKENHAUS BETHANIEN
44
ATELIER
KUNST KLINIK BETHANIEN
8.9 JUNI
KUNST KLINIK
Krankenwageneinfahrt →

Das Bethanien-Krankenhaus in Hamburg

Von der Heilstätte zur Kunstklinik

Nach der verheerenden Choleraepedemie in Hamburg mit 8.500 Toten, wurde im Jahr 1893 das Diakonissenkrankenhaus mit Schwesternheim in unmittelbarer Nachbarschaft zum Krankenhaus Eppendorf, dem heutigen UKE, damals noch vor den Toren der Stadt, eröffnet.

Das Umfeld dieses Hamburger Standortes ist bis heute geprägt von Fürsorgeeinrichungen aus der Gründerzeit, wie Stiftungen, Feierabendheime und Wohnstätten für bedürftige Senioren.

Vom Diakonissenstift zur Nachsorgeklinik

In den 1970er Jahren entwickelte sich das Krankenhaus Bethanien zu einer interdisziplinären Nachsorgeklinik, als Ergänzung zum benachbarten Universitätsklinikum Eppendorf (UKE). Die gynäkologisch-geburtshilfliche Station, die Operations- und Röntgenabteilung sowie die Krankenpflegeschule wurden geschlossen.

Mit 170 Betten war das Nachsorgekrankenhaus jedoch nicht mehr wirtschaftlich zu führen. Im Zuge der Fusion der drei evangelischen Krankenhäuser Bethanien, Alten Eichen und Elim zog das Krankenhaus 2012 in den Neubau, das Agaplesion Diakonieklinikum am ehemaligen Standort des Elim Krankenhauses an der Hohen Weide um. Das Grundstück des Behtanien wurde nun für Wohnbebauung durch eine Hamburger Wohnungsbaugenossenschaft verwendet, nur die historische Fassade des Krankenhauses blieb erhalten. Dass gesamte Krankenhaus sowie das gegenüberliegende Schwesternheim von 1893 musste somit Immobilieninteressen weichen.

Vom wissenschaftlichen Ort zum Kunstraum

Die Zwischennutzung bis zum Abriss der leergezogenen Räume als Kunstklinik Kulturzentrum Eppendorf mobilisierte über 60 Hamburger Künstler, Künstlergruppen und künstlerische Initiativen mit und ohne Handicap. In 50 Krankenzimmern und dem Therapiebereich, auf insgesamt 2.000 m², wurde Kunst mit sozialem Anspruch initiiert. Das Projekt bringt unterschiedliche Menschen öffentlich zusammen, sorgt für den Abbau von Vorurteilen und steht für den Zusammenhang von Kunst, Gesundheit und Kommunikation, unbesehen, ob man jung, alt, behindert oder nichtbehindert ist. Das Projekt Kunstklinik Kulturzentrum Eppendorf knüpft nun künstlerisch an die Tradition der Wissenschaft in diesem historischen Standort an und hat das Krankenhaus Bethanien überlebt: Am ersten Mai 2019 wurde das martini44, der Neubau hinter der historischen Krankenhausfassade, als Wohnprojekt, Pflegegemeinschaft und soziokulturelles Zentrum mit der Kunstklinik als Kulturzentrum sowie der Geschichtswerkstatt Eppendorf unter einem Dach feierlich eröffnet.

Die Bilder sind im Juni 2013 während der Veranstaltung Kunst Klinik Bethanien entstanden und dokumentieren die Zwischennutzung als Stätte der Kunstwissenschaft in den Therapieräumen dieser ehemaligen Heilstätte vor ihrem Abriss.

Das Bethanien-Krankenhaus in Hamburg

Bethanien-Krankenhaus in Hamburg

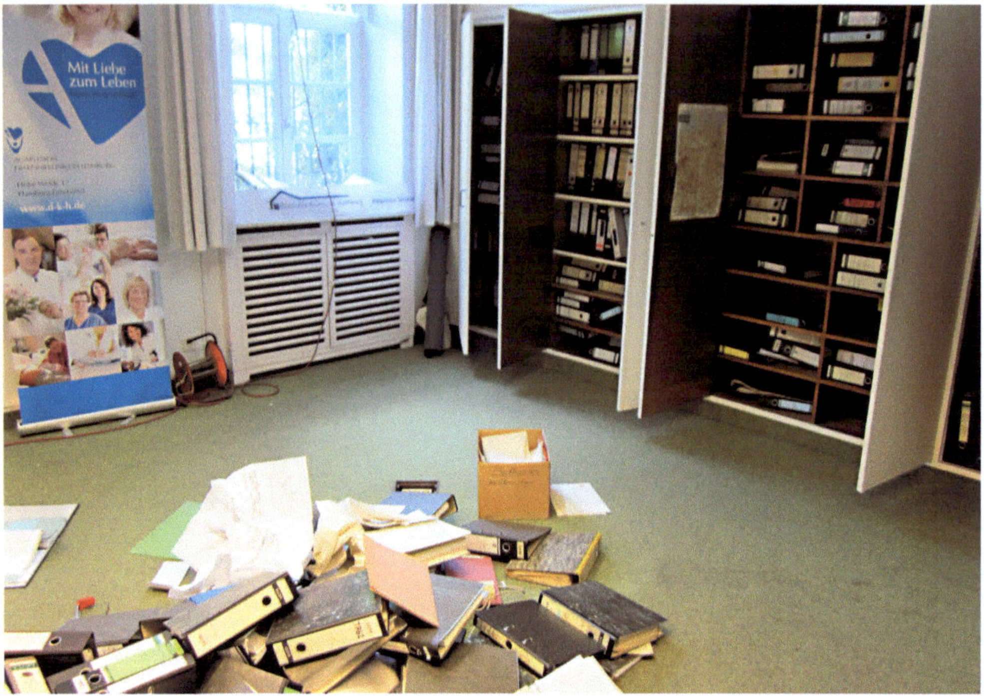
Mit Liebe
zum Leben
www.d-k-h.de

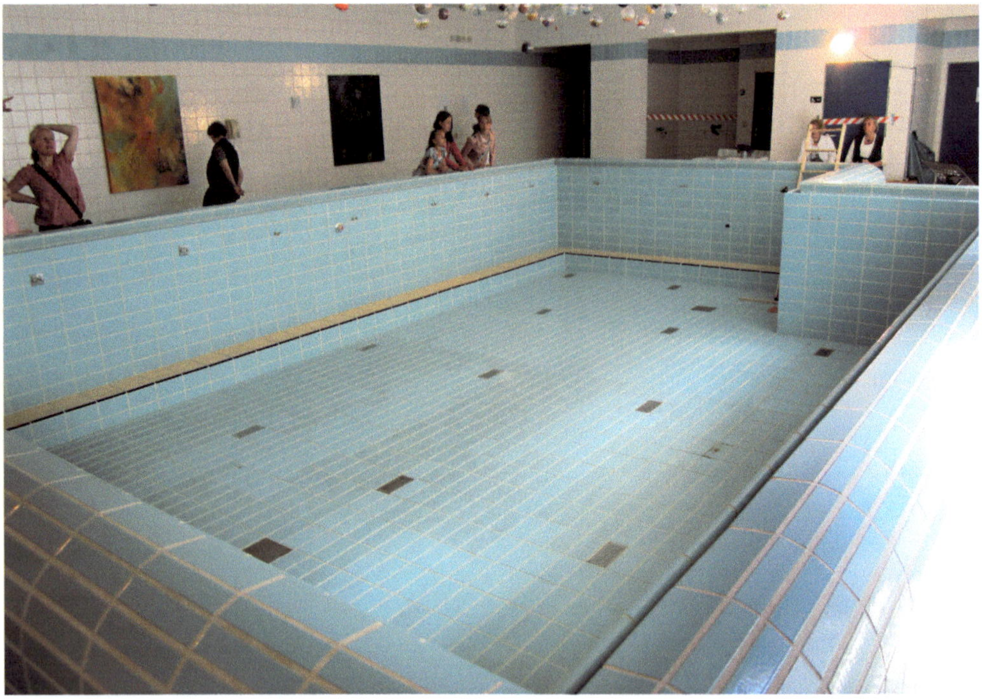

Das Bethanien im Jahr 2013. Heute sind Schriftzug und alle Klinikgebäude, bis auf die Fassade, zugunsten eines hochwertigen Wohnquartiers verschwunden. ▲

Die Einladung zur Einweihung des Krankenhauses von 1893 und die Einweihung des „martini44" *im Mai 2019* ▼

Das AK Barmbek in Hamburg im Juli 2002, die historischen Pavillons der Gründerzeit kurz vor ihrem Abriss

Das Allgemeine Krankenhaus Barmbek in Hamburg

Von der Heilstätte zum Wohnquartier

Das Allgemeine Barmbeker Krankenhaus wurde nach Plänen von Friedrich Ruppel in seiner ursprünglichen Form von 1910 bis 1915 als Parkkrankenhaus im Pavillonsystem erbaut.

Der Pavillonstil entsprach den hygienischen Vorstellungen dieser Zeit, dass Krankheiten vornehmlich durch verunreinigte Luft übertragen würden. Zur Verhütung der gefürchteten Hospitalinfektionen wurden deshalb die Krankenstationen auf viele kleine Einzelbauten, den Pavillons, verteilt. Erkenntnisse der in diesen Jahren erst aufblühenden Bakteriologie, die dieses Konzept als überholt erscheinen ließen, wurden noch nicht berücksichtigt. Die Rotziegelgebäude hatten eine für die damalige Zeit typische Neo-Barockarchitektur. Das Gelände beherbergte mehr als 60 Gebäude und mehr als 2000 Betten.

Diese Heilstätte war mit seiner Größe von über 15 Hektar und der Infrastruktur eine „eigene Stadt". So befinden sich auf dem Gelände ein Wasserturm und ein eigenes Heizkesselhaus, letzteres wird heute vom privaten Energiekonzern Vattenfall zur Versorgung des Stadtteils mit Fernwärme betrieben. Das Krankenhaus Barmbek konnte sich mit eigener Pathologie, eine Wäscherei und Großküche unabhängig versorgen. Auch waren Mitarbeiter aller Gewerke, wie Gärtner und Handwerker vorhanden, die Versorgung erfolgte aus einer Hand, wo heute zahlreiche Fremdfirmen beauftragt sind. Die gesamte Anlage war als großer Park angelegt, der auch bei vielen Spaziergängern beliebt war.

Nach dem Verkauf von 13,8 Hektar durch die Stadt Hamburg im Jahre 2006 entstanden auf dem Gelände im sogenannten „Quartier 21" 475 neue Wohnungen sowie Flächen für Gastronomie, Einzelhandel und Büros. Es wurden sowohl bestehende denkmalgeschützte Gebäude umgebaut, als auch neue Häuser geschaffen. Somit wurde die Parkfläche mit moderner Wohnbebauung verdichtet. Ende 2011 bezogen die ersten Mieter renovierte Bettenhäuser auf dem Gelände. In der alten Pathologie hat ein Gesundheitszentrum eröffnet, obwohl es viele Anfragen privater Interessenten gab.

Der gesamte historische Pavillonbereich musste im Jahr 2002 für die Entstehung des neuen Asklepios Klinikums Barmbek weichen.

Krankenhausporzellan, vor der Vernichtung aus einem der Pavillons gesichert

„Sinnestaumel"

„Druckkammerzentrum"

    Allgemeines Krankenhaus Barmbek in Hamburg

„Gib dem Anderen Raum er selbst zu sein"

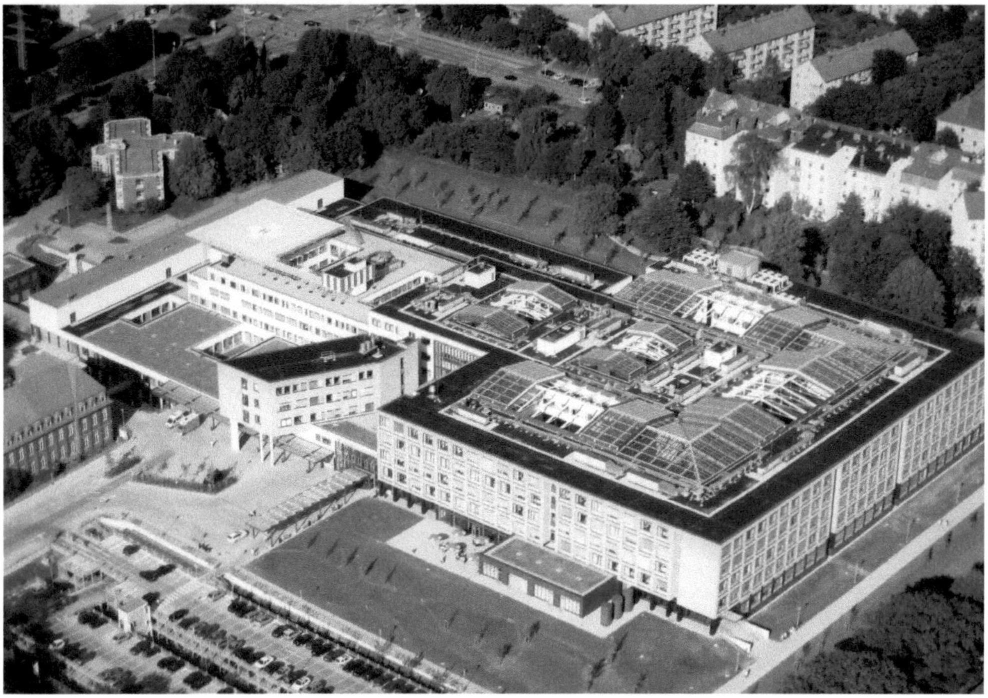

Das neue Asklepios Klinikum Barmbek auf dem alten Pavillongelände mit nostalgischen Ansichten, März 2019

▲ Der neobarocke Baustil der Bahnstation des Krankenhauses Barmbek
▼ und die neue Klinik im März 2019

Die Bettenhäuser vor der Sanierung im Jahr 2011, heute wird dort gewohnt

Die Bettenhäuser und der Wasserturm des alten AK Barmbek vor der Sanierung im Jahr 2011

… und als Wohnraum „Quartier 21" im März 2019, der Krankenhauspark wurde bautechnisch verdichtet

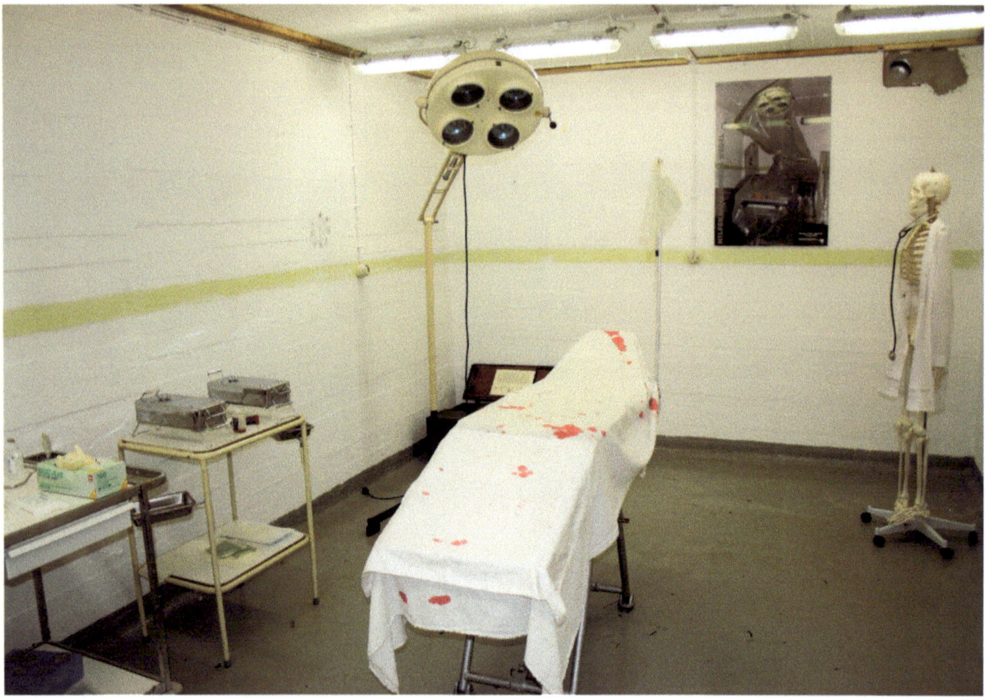

▲ *Operationsraum des Museums Bunker Wedel e.V.*
▼ *Originale Anzeigentafel und Wegweiser in der Versorgungsschleuse, Hilfskrankenhaus Wedel, Mai 2020*

Das Hilfskrankenhaus Wedel

Vom Atombunker zum sozialen Projekt

Im Katastrophen- oder Kriegsfall ist mit einem starken Anstieg des Bedarfs für Krankenhausplätze zu rechnen. Aus diesem Grunde begann man in Westdeutschland bereits Ende der fünfziger Jahre mit dem Aufbau von Ausweich- und Hilfskrankenhäusern. Nach dem Bau der Berliner Mauer und der Kuba-Krise wurden diese Anstrengungen noch verstärkt. Verteilt über das Bundesgebiet entstanden Hunderte von Hilfskrankenhäuser, meist in Schulen, Jugendheimen und ähnlichen Einrichtungen. Bei den meisten davon handelte es sich lediglich um einfache Vorbereitungsmaßnahmen, verbunden mit der Einlagerung von Sanitätsmitteln an einem anderen Ort. Einige wenige Hilfskrankenhäuser entstanden allerdings auch im sogenannten „Vollschutz" – ähnlich einem Zivilschutzbunker mit starken Stahlbetonwänden und –decken, eigener Wasser-, Strom- und Luftversorgung und allem, was man zum autarken Betrieb eines unterirdischen Krankenhauses benötigte.

Zwischen 1964 und 1976 entstand auch in Wedel bei Hamburg in mehreren Bauabschnitten ein unterirdisches Hilfskrankenhaus im sogenannten „Vollschutz" mit zuletzt 1.694 Betten unter dem „Johann-Rist-Gymnasium". Mit seinen meterdicken Wänden bot Deutschlands größtes unterirdisches Hilfskrankenhaus Schutz vor atomaren, biologischen oder chemischen Gefahren und konnte vollbesetzt für mind. 3 Wochen völlig autark und von der Außenwelt abgeschnitten betrieben werden. Eine Aufbettung und Erweiterung der Kapazitäten in der überirdischen Schule war möglich und auch Teil der Betriebskonzepts als Hilfskrankenhaus. Im Ernstfall sollte die Anlage innerhalb von 48 Std. einsatzbereit sein.

Eine Nutzung für den vorgesehenen Zweck – also als Notkrankenhaus – fand nie statt. Lediglich während einer Übung im Jahr 1975 wurde die Anlage zum Leben erweckt. Zeitweise fanden während der Atomproteste gegen den Bau und die Inbetriebnahme des Atomkraftwerks Brokdorf in den siebziger und frühen achtziger Jahren des letzten Jahrhunderts Hundertschaften der Bereitschaftspolizei dort Obdach. Nach dem Ende des Kalten Krieges in den neunziger Jahren wurden die eingelagerten Sanitätsmittel, Betten und medizinischen Geräte des Hilfskrankenhaus Wedel im Wert von 1 Mio. Euro, wie auch in ähnlichen Einrichtungen im Bundesgebiet, von der Bundesanstalt Technisches Hilfswerk (THW) Hamburg-Altona abtransportiert und als humanitäre Hilfslieferungen in notleidende Gebiete der Welt verschenkt oder entsorgt. Nach Jahren des Leerstands breitete sich Moder und Schimmel aus.

Vor wenigen Jahren pachtete der Wedeler IT-Unternehmer Rene Grassau über die Stadtverwaltung den Atombunker, um nach umfangreicher Instandsetzung die Räume als Lager und Proberäume für Musiker und Privatpersonen zu vermieten.

Aus historischem Interesse und dem großen Wunsch, die Vergangenheit lebendig zu erhalten, hat sich im Jahr 2019 aus Zeitzeugen und Interessierten der Verein Bunker Wedel e.V. gegründet. Die ehrenamtlichen Mitglieder betreiben ein Museum und bieten Führungen an.
In der Corona-Krise 2020 entstand auf Initiative des Vereins die Bürgeraktion „Nachbarschaftshilfe Wedel – Gemeinsam Stark gegen Corona". Von hier wurden Hilfeleistungen für bedürftige Bürger und Lebensmittelausgaben organisiert.

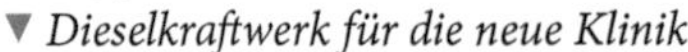

▲ *Luftfilter zur atomaren Dekontamination*
▼ *Dieselkraftwerk für die neue Klinik*

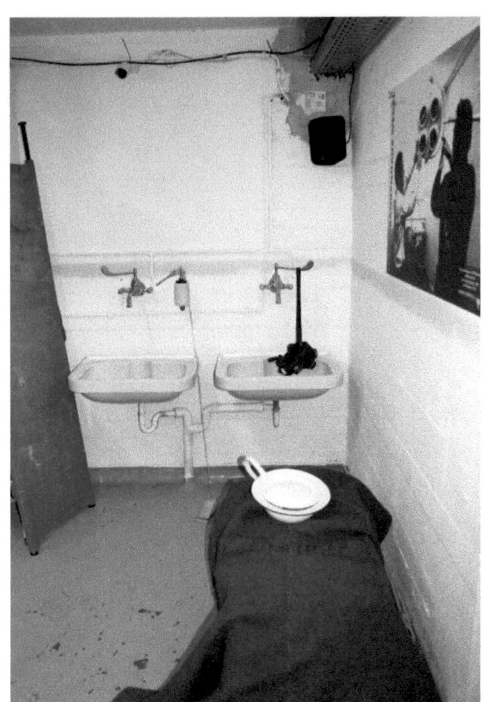

OP-Vorbereitungsraum (links) und Kühlraum für 50 Leichen,(rechts) ▲
Anlieferung Krankentransport (links), rückwärtiger Versorgungseingang (rechts), Mai 2020 ▼

Hilfskrankenhaus Wedel

„Wissenschaftliche Räume", Psychiatrische Uniklinik Kiel – Anscharhöhe im Juni2006

Die Klinik Anscharhöhe in Kiel

Vom Marinelazarett zum Wohn und Kunstquartier

Mit dem Aufstreben des Marinestandortes Kiel entstand auch der Bedarf an einem militärischen Krankenhaus, für das 1901 / 02 ein rund sechs Hektar große Areal in der Wik ausgewählt und erworben wurde. Bis 1907 entstand dort das Marinelazarett im typischen Kasernenbaustil der Kaiserzeit mit 16 Gebäuden und einem Park, der der Erholung der geschwächten Patienten diente. In dem durch Backstein-Pfeiler und Metallgitterzaun eingefassten Areal gab es eine Villa für den Direktor, Häuser für Ärzte, Beamte und Bedienstete, ein Operationshaus, Verwaltungs- und Wirtschaftsgebäude sowie Bettenhäuser und das Kesselhaus für die Fernwärme. In einem der sechs sogenannten Pavillongebäude war am Rande des Areals in der Weimarer Straße 8 das Absonderungshaus (Haus 7) angesiedelt. Damals gab es noch kein Penicillin, deshalb wurden dort Menschen mit ansteckenden Krankheiten untergebracht. Das Lazarett war damals technisch und medizinisch fortschrittlich.

Das ca. 60 ha große Gelände umfasste rund 20 Gebäude:
Die Villa für den Direktor, Häuser für Ärzte, Inspektoren, Unterbeamte und Bedienstete, ein Operationshaus, Badehaus, Pförtnerhaus, Kiosk, Verwaltungshaus und Wirtschaftsgebäude (Haus 8) sowie Bettenhäuser und das Kesselhaus für die Fernwärme (Haus 15). Außerdem einen Tierstall, einen Gemüsegarten und einen Park mit streng geometrisch angelegten Wegen zur Erholung der Patienten, die in Sälen mit bis zu 20 Betten wohnten. Nach dem Zweiten Weltkrieg übernahm die DRK Anschar-Schwesternschaft zum größten Teil den Pflegedienst im Lazarett. 1950 pachtete die Schwesternschaft das Lazarett, das fortan Anschar-Krankenhaus hieß. Damit war das Krankenhaus auch für zivile Patienten geöffnet. Später kamen mehrere Kliniken der Universität Kiel hinzu. 1996 / 97 wurde beschlossen, die Gebäude in ihrer Funktion als Krankenhaus nicht zu sanieren, da sie nicht mehr zeitgemäß waren und die Erhaltung mit 140 Mio. DM zu teuer erschien.

Schon lange waren dort keine Patienten mehr anzutreffen, im Jahre 2008 zog dann als letztes die Verwaltung der psychiatrischen Uniklinik endgültig aus. Vandalismus und Verfall gab in der Folge dem einst so erhabenen Zeugnis gründerzeitlicher Krankenhausarchitektur ein neues Gesicht. Der Abbruch der Kinderklinik folgte. Nach dem Abriss von drei Lazarethäusern startete der Bau von 160 Mietwohnungen im November 2016. Mittlerweile ist das einst parkähnliche weiläufige Klinikgelände mit modernen Rotklinkerwohnquadern verdichtet, alle Wohnungen sind belegt. Kulturschaffende und Künstler haben sich in den verbleibenden historischen Gebäuden eingerichtet.
Für die Leichenhalle, so der Bauherr, gebe es viele Anfragen von Leuten, die darin wohnen möchten. Doch hier soll, wenn alles klappt, die Stiftung Drachensee ein Café betreiben.

„Fixierflüssigkeit, Entwicklerflüssigkeit" von der Röntgenfilmentwicklung, Anscharhöhe im Juni 2006

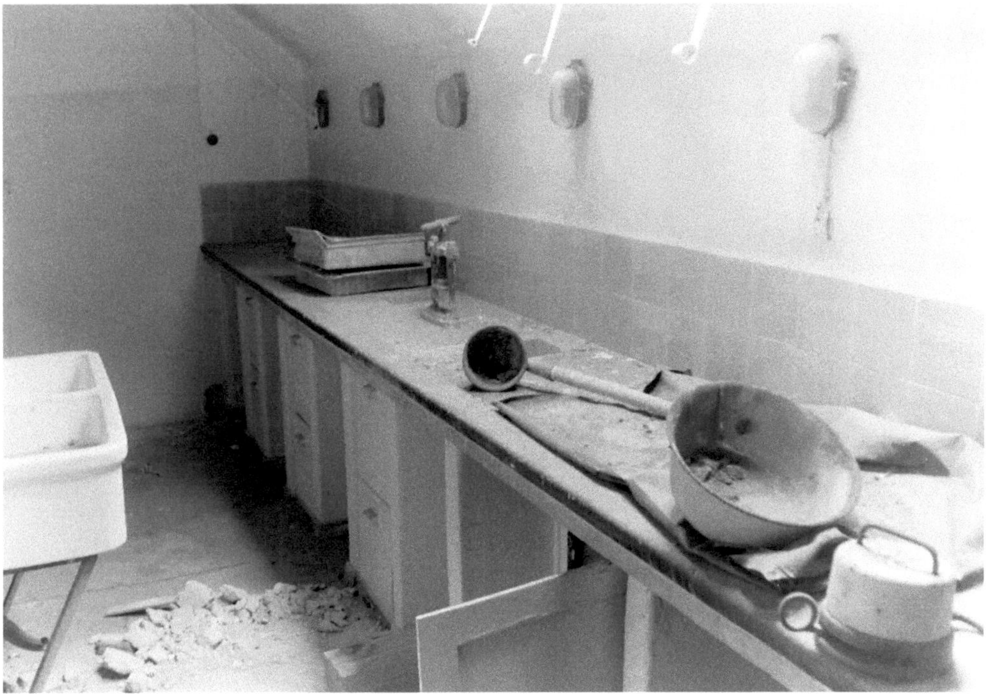

„Anatomiekurs Saal", Psychiatrische Uniklinik Kiel – Anscharhöhe im Juni 2006

Die Institutsgebäude der psychiatrischen Uniklinik Kiel – Anscharhöhe im Juni 2012

Die Institutsgebäude der psychiatrischen Uniklinik Kiel – Anscharhöhe im Juni 2012

 Klinik Anscharhöhe in Kiel

Die Institutsgebäude der psychiatrischen Uniklinik Kiel – Anscharhöhe im Juni 2014 vor ihrem Abriss ▼

Die Institutsgebäude der psychiatrischen Uniklinik Kiel – Anscharhöhe im Juni 2014 vor ihrem Abriss

Klinik Anscharhöhe in Kiel

▲ *Urbane Einheitsarchitektur anstelle der gründerzeitlichen Betten- und Institutsgebäude im Juli 2019*
▼ *Die Leichenhalle wartet auf ihre neue Bestimmung, Anscharhöhe Kiel im Juli 2019*

Klinik Anscharhöhe in Kiel

Das Lessingbad Kiel in der Zwischennutzung als Kunstlabor vor dem Umbau im Juni 2013

Das Lessingbad in Kiel

Vom Volksbad zum Kunstlabor

Das Kieler Lessingbad, eine städtische Schwimmhalle im Herzen der Stadt, errichtet 1934 / 35 als erste Kieler Badeanstalt, seit 1993 Kulturdenkmal, 2008 stillgelegt und in direkter Nachbarschaft zum neuen Campus der Muthesius Kunsthochschule gelegen, war in der Zwischenzeit vier Jahre ein Zentrum der kulturellen Szene der Landeshauptstadt Schleswig-Holsteins. Generationen von Kielern haben hier Schwimmen gelernt und Sport zur Gesunderhaltung und Heilung von Körper und Seele betrieben.

Baufälligkeit und technischer Sanierungsstau führten im Jahr 2008 zur Schließung der Volksbadeanstalt ohne ein Nachnutzungskonzept zu haben. Durch das Engagement der Muthesius Kunsthochschule wurde hier in den Jahren 2010 bis 2013 ein Freiraum für Künstler, Kreative und freie Kultur-Aktivisten der Landeshauptstadt Kiel geschaffen und vielfältig genutzt. So nutzte 2011 ein „Intermediales Symposium zur Klangkunst" die Raumakustik der leeren Schwimmbecken und der hohen Hallendecken für neue Erkenntnisse in der Klangwissenschaft.

Die Zwischennutzung als Kunststätte ermöglichte unter anderem einen Blick auf die Potentiale dieses Leerstandes um etwaige Zukunftsvisionen zu fördern. Ein ambitioniertes Konzept mit zahlreichen Veranstaltungen wie Ausstellungen, Symposien, Workshops, Kreativkursen, etc. aber auch die Untervermietung an zeitlich begrenzte Nutzer der Kreativwirtschaft und attraktive, ständige Angebote wie ein Co-Working-Space, ein Ladengeschäft für Kunsthandwerker, einem Kinderkunstspielplatz und einem zentralen Cafébereich wurden für die Projektgruppe Lessingbad zur Grundlage für die Transformation dieses Gebäudes. Das Konzept zur Nachnutzung in der Tradition von Sportwissenschaft und Heilkunde als Turnhalle mit pädagogischer Kinderbetreuungsstätte hat sich durchgesetzt.

Zwei Jahre dauerte der 6,8 Mio. Euro teure Umbau der Lessinghalle zur Sportstätte ohne Wasser. Seit 2015, dem Jahr der Eröffnung, kann im vorderen Bereich, im einstigen Cafe, wieder gespeist werden – im Restaurant „Freistil". Maritime Schmuckstücke, Wandbilder und hölzerne Bildhauerarbeiten aus alten Schwimmhallenzeiten, finden sich dort an den Wänden wiederum die Erinnerung an die Tradition der angewa ndten Sportwissenschaft an diesem einst nassen Ort wach zu halten.

Die Bilder vom Juni 2013 dokumentieren die Zwischennutzung des Lessingbads Kiel als Kunstlabor kurz vor dem Umbau.

„Nichtschwimmer"

„Schauma"

147

Lessingbad in Kiel

„Die Galerie Seepferdchen sucht zum 1 .Oktober ein neues Zuhause…"

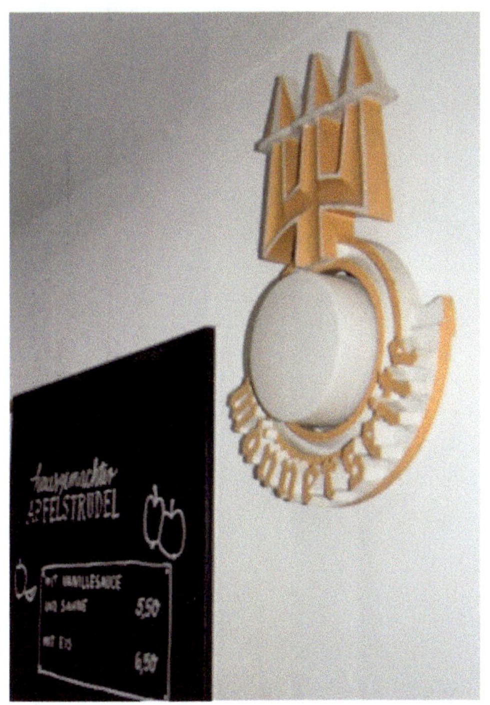

Neue Nutzung in der Tradition der Heilkunde: Turnhalle und das Restaurant „Freistil" im Juli 2019

Das Sanatorium Dr.Barner von 1912 in Braunlage im Februar 2013

Das Sanatorium Dr. Barner in Braunlage

Gesunden wie vor 100 Jahren

Sanitätsrat Dr. med. et phil. Friedrich Barner war einer der ersten Ärzte, die sich der Psychotherapie zuwandten, um ganzheitlich „Körper und Seele" zu behandeln. Zugleich erkannte er, wie wichtig die landschaftliche Lage und das bauliche Ambiente für den Heilungsprozess sein können. Die Jahrhundertwende 1900 war in ganz Europa eine Zeit großer Sanatoriumsgründungen. In Braunlage im Harz verwirklichte der Sanitätsrat, Philologe und Mediziner diese neue Art von Heilanstalt.

Er erwarb zwei in regionaltypischer Holzbauweise errichtete Villen etwas oberhalb des Ortskerns von Braunlage, dann gewann er den Jugendstil-Architekten Albin Müller, um sein gestalterisches Werk an ihnen umzusetzen – bis hin zum Neuentwurf eines Mittelbaus, der die beiden Villen miteinander verbinden sollte. 1912 beauftragte er somit den Darmstädter Jugendstil-Architekten Albin Müller mit der Gestaltung des Sanatoriumneubaus. Darmstadt gilt mit seiner Mathildenhöhe als die Wiege des Jugendstils.

Heute gehört die Privatklinik zu einer der bedeutendsten erhaltenen Jugendstilbauten Deutschlands. „Nirgends ist ein vergleichbares Gebäude dieser Stilepoche so komplett erhalten geblieben wie hier", sagte Johann Barner, der die Einrichtung in vierter Generation leitet, zu uns anwesenden Journalisten während einer Pressereise im Jahr 2006. Alles ist, wie es war: Die Linoleum-Fußböden mit Jugendstil Relief, die holzvertäfelten Treppenhäuser, Leuchten, Wandbespannungen, Stuckverzierungen, Möbelstücke: selbst das von Müller entworfene Geschirr und Besteck ist original erhalten. Ebenso die Patientenzimmer: Teppiche, Lampen, Türgriffe, Vorhänge – alles ist so, wie es der Jugendstil-Künstler erschaffen hat.

Fernseher sind in der Psychosomatischen Fachklinik tabu. Diese Heilstätte mutet wie ein lebendes Fossil an. Als Zugeständnis an die heutige Zeit wurden allerdings moderne Bäder eingebaut. Was damals als Neurasthenie im Bürgertum grassierte, heißt heute Burn-out, denn die Symptome ähneln sich. Die Fachdiagnose heißt „reaktive Depression". Und Albin Müller könnte seine Schlaflosigkeit auch heute noch unverändert mit einer „Liegekur" in den hölzernen Hallen angehen, mit Blick auf Wald, Forsten und Reitstall.

Beim Sanatorium Dr. Barner handelt es sich um das einzige vollständig erhaltene Jugendstilensemble, in dem insbesondere die an der Darmstädter Mathildenhöhe zu höchster Reife getriebene „Raumkunst", die Innenarchitektur, zu bewundern ist.

Die Klinik Dr. Barner dient heute noch demselben Zweck wie bei ihrer Fertigstellung 1914, vor über 100 Jahren. Zudem sind alle Krankenakten seit Klinikgründung vorhanden, so dass das bauliche Denkmal zugleich ein kulturhistorisches Ganzes ist, eine erstrangige Quelle für die Geschichte der Psychotherapie von ihren Anfängen an. Damals war es ein Haus für Medizin plus Psychotherapie, heute ist es eine psychosomatische Klinik mit 81 Einzelzimmern, deren Patienten zu 60 Prozent von außerhalb Niedersachsens kommen.

Die Aura der Ästhetik und des Wohlfühlens

Patientenrezensionen:

Das Haus mit seinem eigenem Charme, nicht perfekt mit knarrenden Holz, weit weg vom Perfektionismus, ein toller inspirant gegenüber einem selbst, man darf Ecken und Kanten haben, nicht frei von Fehlern sein"

„Als ich das Haus das erste Mal durch den Haupteingang bei meiner Ankunft betreten habe, habe ich gedacht „was ist das hier“. Allerdings hat es mich nicht total überrascht, weil ich vorher schon Bilder von der Klinik im Internet angeschaut habe. Das Haus ist halt alt, steht meines Wissens unter Denkmalschutz. Insgesamt war mein Aufenthalt dort sehr angenehm ...“

„Das Sanatorium Dr. Barner ist einzigartig. Eine Klinik, die erdacht und gebaut wurde, damit sich Körper und Geist, Seele und Psyche neu sortieren können. Ein Jugendstilgebäude, das jeden im Moment des Betretens in eine andere Zeit versetzt. Dabei war es 100 Jahre lang ununterbrochen ein funktionierendes Sanatorium. Diese Aura der Ästhetik und des Wohlfühlens erfasst alle – und damit beginnt der Heilungsprozess. Es gibt 80 – im Stil des Hauses eingerichtete – Einzelzimmer ... Im unglaublich schönen Musiksaal finden jeden Samstag exzellente Konzerte statt, es gibt Filmvorführungen, Lesungen, Kochkurse und eine Umgebung mit Wald und Hügeln, die im Sommer zum Wandern und im Winter zum Ski-Fahren einlädt ... Und das I-Tüpfelchen in dieser Klink sind die Liegekuren: Versorgt mit Wärmflaschen und eingewickelt in viele Decken liegt man in der Liegehalle und betrachtet den Wald. Unwillkürlich denkt man an Thomas Mann und den ZAUBERBERG. Diese Ruhe und die Möglichkeit des Nachdenkens über die in den Therapiestunden gemachten Erfahrungen waren für mich – in genau dieser Gesamtkombination – der Erfolg meines Aufenthalts“

Sanatorium Dr. Barner in Braunlage

Sanatorium Dr. Barner in Braunlage

Das Sanatorium Raupennest in Altenberg/Sachsen

Vom Erholungsheim zur Grenzruine

Dieser beeindruckende Gebäudekomplex aus dem Jahr 1926 wurde als Hotel und Erholungsheim „Berghof Raupennest" eröffnet. Alle Zimmer hatten fließend warmes und kaltes Wasser sowie Telefonanschluss. Eine eigene Rundfunkanlage sorgte für Unterhaltung und Information. Ein Kraftomnibus verkehrte achtmal pro Tag zwischen Altenberg an der Grenze zu Tschechien und Dresden. Altenberg bekleidete die Bezeichnung „St. Moritz vor den Toren Dresdens" auch wegen der schneesicheren Lage auf etwa 800 m ü. NN.

Während des 2.Weltkrieges dienten die Einrichtungen als Lazarett und brannten 1945 durch Kriegseinwirkungen völlig aus.

Der Wiederaufbau wurde 1951 abgeschlossen und fortan war das „Raupennest" ein Sanatorium der Sozialversicherung der DDR. Den Patienten standen 150 Betten zur Verfügung. Besonders Unfall- und Sportverletzungen wurden hier behandelt, das Sanatorium genoss einen ausgezeichneten Ruf.

1997 erfolgte der Umzug in einen futuristisch-modernen Neubau an der Rehefelder Straße. Seitdem steht das erzgebirgische Kulturdenkmal leer und verfällt.

Zwischenzeitlich haben die Witterung, Metalldiebe und Vandalen im und am historischen Sanatorium ein so zerstörerisches Zeugnis hinterlassen, dass die analogen Bilder aus dem Jahr 2005 einen historischen Wert zu haben scheinen.

„Frühstück – Abendbrot"

Keine Verbindung…

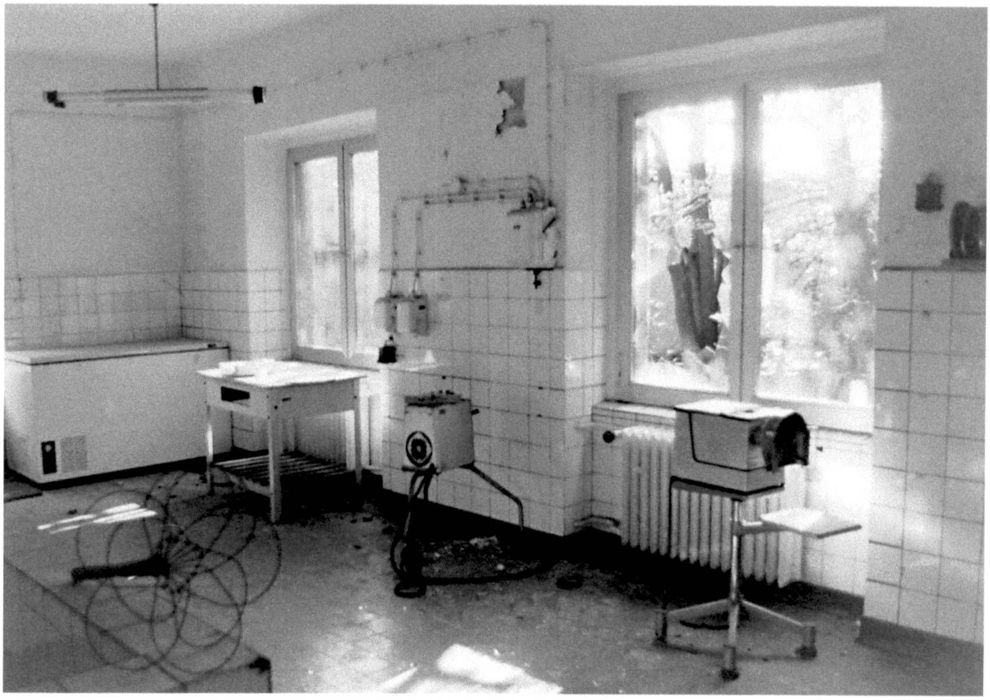

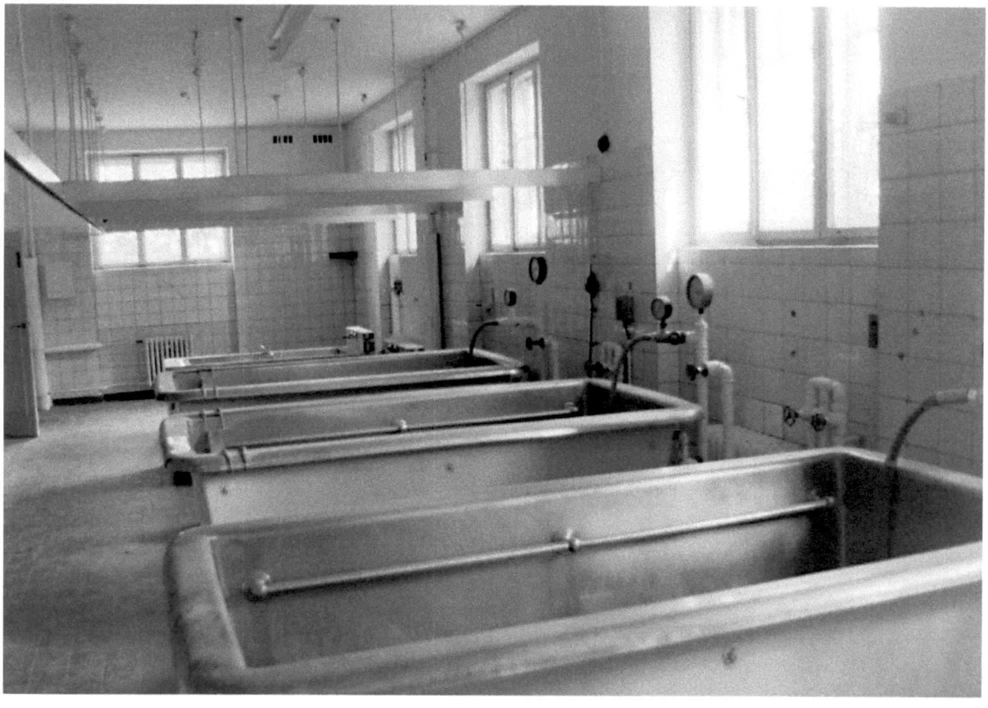

Sanatorium Raupennest in Altenberg

… Endstation

Die neue Fachklinik für Orthopädie mit dem Gesundheitszentrum Raupennest in Altenberg 2016

Urologische Praxis in verlassener Arztvilla als ritueller Ort im Oktober 2016

Sakrale Räume und mystische Orte als Magnet für okkulte Opferrituale

Hoffnung, Loslassen, Erlösung, Geborgenheit und Genesung sind Begrifflichkeiten, für die wir Menschen in Ausnahmesituationen besonders empfänglich sind, denn das Schicksal macht aus nahezu jedem Patienten einen suchenden Menschen. Es ist also kein Zufall, dass Einrichtungen der Krankenhausseelsorge auch diese religiösen Ansätze in sakralen Räumen wie Anstaltskapellen, Kirchen, Abschieds und „Räume der Stille" implizieren. Der seelische Harmoniebedarf wird umso stärker, sobald uns unsere eigene Vergänglichkeit bewusst wird.

Das Tabu der eigenen Vergänglichkeit als Mythos

Lange war das Thema Tod und der Umgang mit Sterbenden in den Stätten der Heilkunde als Orte der Erneuerung und des Abschieds Tabu behaftet. Während meiner beruflichen Tätigkeit habe ich noch erleben müssen, wie Todgeweihte zum Sterben in Nebenräume abgeschoben wurden. Mit dem Tod beschäftigt man sich normalerweise nicht, man verdrängt ihn gern. So hat der Tod doch immer etwas Mystisches. Die seit wenigen Jahrzehnten aktive Hospizbewegung hat im klinischen Bereich ein Umdenken bewirkt. Der Abschied aus dem Leben wird heute auf palliativen Stationen und Hospizen mit seiner komplexen Sensibilität durch geschultes Fachpersonal sanft ermöglicht.

Die Hoffnung auf Heilung im Glauben

Vollkommen ergriffen sah ich im Oktober 2016 Pilger vor der Schwarzen Madonna im polnischen Wallfahrtsort Tschenstochau. Wie im Rausch beteten sie das Heiligenbildnis an, nachdem Jahre zuvor am selben Ort eine Frau von Multipler Sklerose von der heiligen Madonna geheilt wurde. Zeugen bestätigten seinerzeit, dass die verzweifelte Frau sich mit Krücken in Richtung Bildnis bewegte, stolperte, die Gehhilfen fallen ließ – und aus eigener Kraft weiterging. Drei Monate dauerten die sich anschließenden intensiven medizinischen Untersuchungen. Ärzte sollen festgestellt haben, dass die Patientin nicht mehr unter Multipler Sklerose litt. Die katholische Kirche hat Heilung der Frau als Wunder anerkannt.

Sakrale Räume als Labore für übersinnliche Kräfte

Diese Hoffnung oder einfach nur die Neugier auf übersinnliche Kräfte hat viele dieser entweihten sakralen Räume und anatomischen Labore zu mystischen Stätten für okkulte Opferrituale und schwarze Messen werden lassen. Das Grauen wird real, da hinter diesen kompromisslos ergreifenden, berührendpseudoheiligen Mauern ja tatsächlich gestorben wurde. Die vermeintlich von den Geistern der gequälten Seelen einstiger Patienten bewohnten morbiden Heilstätten scheinen eine perfekte Aura für schwarze Magie zu sein. Beelitz-Heilstätten wurde bereits zum Tatort mehrerer Morde. Nicht selten fand ich bei meinen Recherchen vor Ort Räucherkerzen, Wachs und Blutflecken vor. Satanisten, Geisterbeschwörer und Wunderheiler praktizieren dort in schwarzen Messen einen Fetisch, um ihrem seelischen Zustand zu erweitern.
Das dabei erzeugte Macht- und pseudoreligiöse Angstgefühl scheint auch eine Realisierung von Fantasien zu sein, die von der Kirche über Jahrhunderte als Realität dargestellt wurde. Dabei wird der Satan mit seiner Symbolik zum Inbegriff von Lebensenergie und „magischer Power". Ziel dieser Satansanhänger scheint es, selbst zum Gott zu werden.

Seziertisch und Leichenkühlräume im Institut für Anatomie der Freien Universität Berlin im Juni 2015

Anatomisches Theater und Hörsaal im Institut für Anatomie der Freien Universität Berlin im Juni 2015

    Sakrale Räume und mystische Orte

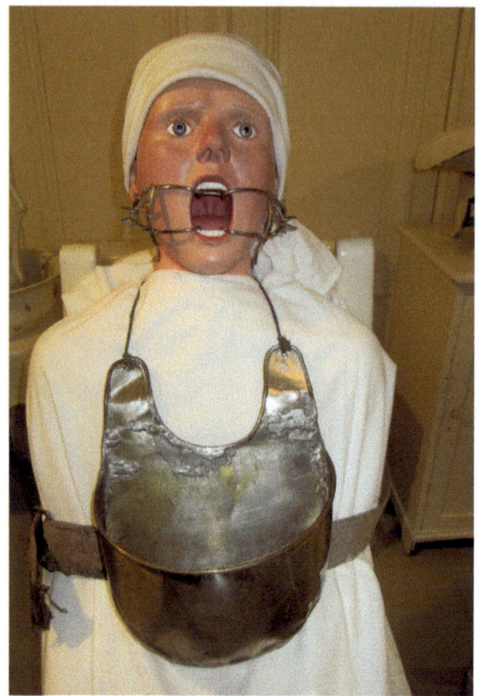

▲ *Zwangsbehandlung als Machtfetisch im Rollenspiel, Medizinhistorisches Museum Riga, September 2013, Turnhalle als Ort der Vergänglichkeit (rechts), Kaserne der Roten Armee in Krampnitz bei Potsdam 2010*
▼ *Krankentransporter vor dem Museum in Riga im Jahr 2013, heute kommt Intensivmedizin auf Rädern zum Patienten*

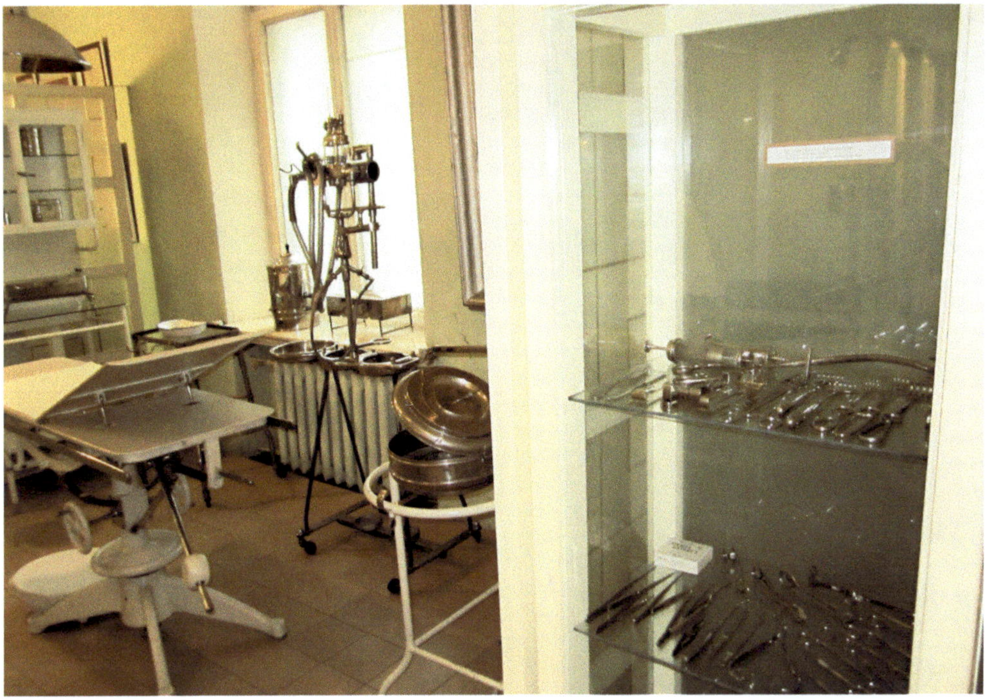

Chirurgische Instrumente und die eiserne Lunge der Vergangenheit als furchteinflößende Geräte,
Medizinhistorisches Museum Riga, September 2013

Sakrale Räume und mystische Orte

*Morbider Charme und die Aura der Erneuerung im Säuglings- und Kinderkrankenhaus
Berlin-Weißensee, Juni 2015*

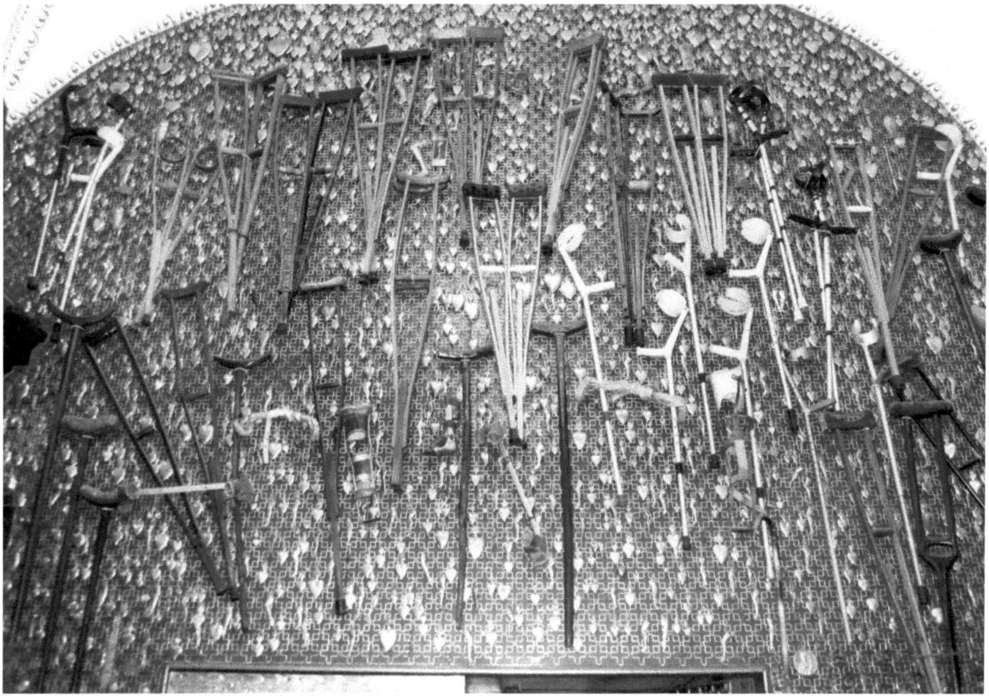

„DIESER ORT IST HEILIG – KOMMEN SIE ALS PILGER" Hoffnung auf Heilung im Glauben bei der Schwarzen Madonna im polnischen Wallfahrtsort Tschenstochau im Oktober 2016 ▼

    Sakrale Räume und mystische Orte

Der Autor:

Thilo Gehrke, Jahrgang 1966, hat als Journalist und Dokumentationsfotograf seit 1990 die politische und soziale Entwicklung in den ehemaligen Ostblockstaaten medial begleitet. In seinem ersten Buch und der interdisziplinären Ausstellung „Das Erbe der Sowjetarmee in Deutschland" dokumentiert er auch die verlassenen Krankenhausstädte der Besatzer auf deutschem Boden. Das Thema *wissenschaftliche Räume als verlassene Orte* hat den Forschergeist des ehemaligen Sanitäters aus Hamburg geweckt, dieses Buch mit der themenbasierten Ausstellung „Stätten der Heilkunde – von wissenschaftlichen Räumen zu Lost Places" nach über zwanzigjähriger Recherche im heutigen Kontext zu realisieren.